儿童青少年心理健康教育与咨询丛书

U0873605

儿童青少年人际关系技能成长训练

董静 著

中国石化出版社
HTTP://WWW.SINOPEC-PRESS.COM

图书在版编目（CIP）数据

儿童青少年人际关系技能成长训练 / 董静著.
— 北京：中国石化出版社, 2018.7（2019.8重印）
ISBN 978-7-5114-4944-3

Ⅰ.①儿… Ⅱ.①董… Ⅲ.①人际关系学-儿童教育-教材②人际关系学-青少年教育-教材 Ⅳ.①C912.11

中国版本图书馆CIP数据核字(2018)第138085号

中国石化出版社出版发行

地址：北京市朝阳区吉市口路9号
邮编：100020 电话：(010)59964500
发行部电话：(010)59964526
http://www.sinopec.press.com
E-mail:press@sinopec.com
北京科信印刷有限公司印刷
全国各地新华书店经销
*
880×1230毫米32开本5.25印张121千字
2018年7月第1版 2019年8月第2次印刷
定价：46.00元

鸣谢及免责声明

特别感谢爱德基金会对本教材的支持与资助！

特别感谢中国科学院心理研究所樊春雷副研究员的指导！

特别感谢北京大学心理咨询中心吴任钢教授的指导！

特别感谢沙盘游戏疗法专家魏广东老师的指导！

特别感谢山东省心理学会高峰强理事长的指导！

特别感谢共青团山东省委权益部齐延鹏部长的指导！

特别感谢山东省法学会青少年犯罪研究会赵东副秘书长的指导！

特别感谢山东省 12355 青少年服务台对青少年心理关爱工作的联合支持！

前言

目前，我国儿童青少年心理健康状况不容乐观，心理健康问题的检出率通常为10%~30%，平均约为18%。“中小学生心理素质建构与培养研究”课题组对全国16472名中小学生调查研究发现：小学生中，有中度心理和行为问题的约占16.4%，有重度心理和行为问题的约占4.2%；初中生中，有中度心理和行为问题的约占14.2%，有重度心理和行为问题的约占2.9%。西部地区、经济相对落后的地区、农村地区的中小学生及城市外来务工子女、重点中学学生心理健康问题的检出率较高。从问题类别上看，小学生心理健康问题主要表现为注意障碍、情绪障碍、行为问题等。随着年龄的增长，心理健康问题的检出率呈现出逐渐升高的趋势，如：高艳华、王敏研究发现，二年级、四年级、六年级和初一、初二、初三年级学生心理健康问题的检出率分别为14.36%、14.5%、15.82%、15.62%、15.52%、16.5%，而高中生的心理健康水平往往要差于初中生。

我国儿童青少年的心理健康状况呈现不断恶化的趋势。据骆伯巍、高亚兵研究发现，1984年，我国中小学生各种心理障碍的发生率约为16.5%，到1997年，各种心理障碍发生率增加到25.2%。以儿童行为量表为研究工具，忻仁娥等（1988）对全国22个省的部分4~16岁儿童及青少年进行了调查，发现行为问题的发生率为15.21%。以症状自评量表为研究工具，胡胜利（1991）对500名中学生进行了调查，发现有10.8%的学生存在明显的心理健康问题，且主要表现为强迫、敌对、偏执、人际关系敏感、忧郁等症状。2007年，于连政、候书文、刘奇男等对辽宁省某中学在校生进行调查时发现，存在明显心理问题的学生占26.3%，其中，有5%存在严重心理健康问题或心理疾病，主要表现为强迫、人际关系敏感、敌对、偏执等。2004年，莫雷经研究发现，受社会环境、生活方式、不良价值观的影响，儿童青少年的暴力行为问题不断趋于低龄化、凶残化和多样化，并大有愈演愈烈之势。

儿童青少年心理健康问题如果得不到及时疏导将会导致非常严重的后果，主要包括以下几个方面：

（1）校园暴力行为时有发生，并成为严重影响未成年人身心健康的社会顽疾，情节严重者甚至会触及法律并构成违法犯罪。

2017年5月，最高人民法院对2013~2015年各级法院审结生效的100件校园暴力刑事案件进行梳理时发现，故意伤害罪占57%，故意杀人罪占6%，性侵占12%，持凶器作案、造成人身伤亡后果的案件所占比例较高。校园暴力后果之严重，可见一斑。

（2）青少年犯罪总数已经占到了全国刑事犯罪总数的70%以上，严重危及他人生命、财产安全，给社会带来很大的安全隐患。流动儿童青少年犯罪率更是近非流动儿童青少年犯罪率的两倍。

（3）严重的心理疾病，甚至可导致自杀。世界卫生组织提供的数据显示，自杀已经成为我国15~34岁人群的第一死因。

一、我国处于义务教育阶段儿童青少年的心理状况

1. 目前处于义务教育阶段的儿童青少年普遍存在的心理问题

很多调查和学生自我报告表明，儿童青少年中普遍存在着嫉妒、自卑、任性、孤僻、逆反、神经衰弱、社交困难、学习能力弱、吸烟、饮酒，甚至自杀、犯罪等心理或行为问题。表现出这些心理或行为问题的学生中，既有呈现出“问题”的儿童青少年，也有在学校中“处境不利”的儿童青少年。前者通常指品格上存在问题且经常表现出来的儿童青少年，这里的“问题”一方面指品德发展上的缺点，另一方面指性格发展上存在的偏畸，这类学生在学校里较多地表现出纪律松弛、情绪消沉、焦虑紧张，甚至闹学、混学、逃学和辍学等。后者通常指智能正常，但在学校里处于低下地位，实际上被剥夺了正常的学习权利和学习可能的学生，也包括自身能力发展迟滞、学习成绩落后、行为不良等不能适应学校学习的学生，以及转学后不能很快适应新环境的学生。

2. 儿童青少年心理健康方面存在的其他问题

主要表现在三个方面：人际关系的紧张；学习造成的压力；“自我”方面存在的问题。

北京市青少年心理咨询服务中心主任王建宗曾对 5 年内所接收的 6 万多人次的热线咨询内容进行了统计，并对其中各类问题进行了分析。其中，人际关系方面问题占比超过 42%，学习方面问题占比超过 27%，两项共占约 70%。此外，“自我”方面的问题约占 20%，其他方面的问题约占 10%。

二、我国儿童青少年心理健康教育的现状与发展

党的十八大以来，以习近平同志为核心的党中央高度重视心理健康问题，明确提出要加强心理健康服务。为全面贯彻落实《中华人民共和国精神卫生法》和《中华人民共和国国民经济和社会发展第十三个五年规划纲要》《“健康中国2030”规划纲要》等的要求以及习近平总书记关于加强心理健康服务的指示精神，2016年，原国家卫生计生委、中宣部、教育部等22个部门联合印发了《关于加强心理健康服务的指导意见》。

针对中小学生欺凌和暴力问题，2016年3月23日，中共中央办公厅、国务院办公厅印发了《健全落实社会治安综合治理领导责任制规定》，通过通报、约谈、挂牌督办、实施一票否决权制等方式进行综合治理领导责任督导和追究，建设平安校园。

针对发生在中小学生之间的欺凌和暴力事件，教育部、中央综治办等9个部门出台了《关于防治中小学生欺凌和暴力的指导意见》（后称《意见》）。《意见》指出：**“切实加强中小学生思想道德教育、法治教育和心理健康教育，通过教育等方式提高学生对欺凌和暴力行为严重危害性的认识，增加自我保护意识和能力，自觉遵守校规校纪，做到不实施欺凌和暴力行为。”**须积极落实《中小学心理健康教育指导纲要（2012年修订）》，培养学生健全人格和积极心理品质，对有心理困扰或心理问题的学生开展科学有效的心理辅导，提高心理健康水平。加强对孩子的管理、教育，注重孩子思想品德教育和良好行为习惯的培养，从源头上预防学生欺凌和暴力行为的发生。

中国共产主义青年团中央委员会维护青少年权益部副部长、上海政法学院姚建龙在《应对学生欺凌更需各负其职、综合防治》一文中指出：**学生不是防治的对象而是主体，应当增强学生对欺凌与暴力的免疫力。**

目前国内已经出版的儿童青少年心理健康方面的书籍，多为理论指导类型，以及针对已经产生问题的具体治疗方法。如林崇德在1983年出版的《中学生心理学》一书中提出了心理卫生与心理健康的设想，他强调了培养学生良好心理品质的重要性；1994年，由班华主编的心理健康教育专著《心育论》完成出版；1998年，台南师范学院的林正文撰写的《儿童行为的塑造与矫正》出版，专门针对儿童行为不良问题运用行为改变技术具体化了操作方法和实践应用；2010年，冯观富等撰写的《儿童偏差行为的辅导与治疗》出版，从儿童压力的来源出发，对偏差行为和情绪障碍进行了分析并给出了辅导与治疗方法，并针对行为异常的学生汇编了部分社会技能教学观点；2011年，李建军编著的“儿童心理咨询与治疗丛书”出版，分别从家庭治疗、艺术治疗、行为治疗、阅读治疗、团体治疗、游戏治疗等几个方面分析了“问题”儿童的治疗，并提供了指导措施。

但是，针对儿童青少年心理问题产生的原因进行预防性训练，促进提升儿童青少年的适应能力，改变其群体成长环境，从而避免儿童青少年行为问题和情绪问题产生的具有实践意义的书籍目前还未见有公开出版。《儿童青少年人际关系技能成长训练》的出版填补了这一空白。这是一本预防性训练教材，既适合儿童青少年自主阅读，又适合心理老师在课堂中带领他们进行体验性实践指导教育时使用。

三、儿童青少年人际关系技能成长训练课程的形成与发展

济南市幸福人生心理健康服务中心（以下简称“幸福人生心理”）董静理事长及其研究团队，近五年来选取不同类型的学校和班级作为试点，先后给数十所学校的近万名6~14岁儿童青少年开展了心理健康服务。其中涉及流动人员子女、普通城市儿童青少年、重点学校儿童青少年、农村留守儿童青少年、社区青少年服务中心的儿童青少年等。董静带领幸福人生心理研究团队总结比对了各种服务形式、服务效果，参考德国和美国、加拿大等国的儿童青少年心理关爱情况，最终研究开发了适合中国小学生及中学低年级学生的**“3L儿童青少年心理关爱三级服务体系”**。

“3L儿童青少年心理关爱三级服务体系”坚持“助人自助”的社会工作原则，具体内容包括：“1L”普遍性预防训练，针对所有儿童青少年进行普遍性预防训练，使其提高自身社会适应能力，创造积极的环境氛围；“2L”选择性预防干预，针对面临社交或学习问题的风险儿童以及对普遍性社会技能训练无效或是收效甚微的学生给予额外的团体辅导支持；“3L”强化个人干预，针对有明显症状但不符合疾病诊断标准的儿童额外提供个案辅导支持。

儿童青少年人际关系技能成长训练课程位于整个服务体系的第一级，是整个关爱体系的基础和灵魂。**课程设置运用人本主义的治疗机制；依据游戏发展理论，在游戏中体验；依据班杜拉的社会学习理论，充分发挥榜样、示范的和集体的力量；基于道德发展理论，培养儿童的个体道德意识，提高儿童道德发展速度，**

改变儿童的道德行为；依据认知理论，通过训练和指导来纠正其不合理的认知，改变不良行为和情绪；有效提高儿童青少年的社会适应力，使其掌握有效的问题应对方式，提高个体防御能力，从而产生有效的自我概念，保证个体的精神正常。课程结合国际上相对成熟的心理治疗工具沙盘游戏疗法，借助儿童青少年天生对游戏的喜好，引导其在情景体验中学习，寓教于乐，发挥自主性，让儿童青少年在游戏中轻松习得社会化技能。

《儿童青少年人际关系技能成长训练》是少儿人际关系技能成长训练课程升级版教材。教材的使用有一套完整的流程：使用前进行"人际关系技能评估"测量，了解学生的现状，因材施教；课程实施期间，每一讲配套使用"反馈表"了解学生的掌握程度，巩固所学内容；整个学年课程结束后，再进行"人际关系技能评估"测量，具体评估每项指标的变化情况。同时，为了排除教师等成人的预期赞赏效应，使用"复原力"量表（由中国科学院心理研究所张雨青教授提供）进行前测、后测，客观反映儿童复原力的变化情况。幸福人生心理研究团队对所抽取的 22 所学校和两个青少年服务中心的 1123 名 6~18 岁儿童青少年采取多种抽样法进行心理健康教育试点，指导学生分别参加 1~18 次不等的 1 级关爱预防性训练（分为单级、多次、一年持续、两年持续等形式），2 级关爱团体辅导，3 级关爱个案咨询等。通过系统地开展儿童青少年人际关系技能成长训练课程，参加课程的儿童青少年均不同程度地达到了**行为控制、情绪管理、有效沟通、提高解决问题能力、增强自信心、提高表达能力等的效果，同时还在客观上改变了学习习惯并提高了学习成绩，从而实现了预防儿童青少年心**

理健康问题的预期目标。

本书共分为四篇：儿童的发展任务篇；儿童道德行为篇；情商管理及问题解决篇；有效沟通技能提升训练篇。

本书能够给儿童青少年心理关爱工作的开展提供指导，使儿童青少年更加健康、快乐地成长，从而拥有美好的童年及幸福的人生。本书适合相关心理工作者、社会工作者、学校心理辅导教师作为教材使用。

该人际关系技能成长训练课程的适用对象为6~14岁儿童青少年。**课程已经在以下项目中使用，通过实践检验，取得了较好的服务效果。**

（1）**“Happy-life199阳光童年”儿童青少年心理关爱保护计划。**该项目是在共青团山东省委的指导下，由济南市幸福人生心理健康服务中心和山东省12355青少年服务台联合发起的，是在山东省内进行的儿童青少年心理关爱保护项目。

（2）**“杜绝霸凌，阳光童年”儿童青少年心理关爱保护项目。**该项目在济南市及区县小学、青少年服务中心、科技馆等实施，得到了爱德基金会的支持和受助方的认可和赞扬。

（3）**“幸福人生与留守儿童相伴同行”农村留守儿童心理关爱保护项目。**该项目在共青团山东省委“溢满齐鲁、青春扶贫”项目中被评为优秀示范项目，在商河县的两所农村小学1~6年级留守儿童中实施，得到了爱德基金会的支持，并且得到了济南市民政局、济南市教育局、济南市妇女联合会、济南市儿童福利院以及项目所在学校校领导、受益儿童青少年及其家长等的认可。

四、儿童青少年人际关系技能成长训练课程实施说明

（1）课程难度设置：根据儿童青少年的发展特点设置，难度由浅入深。

（2）课程风格：活泼，生动，互动性强，以情景体验式为主。

（3）学校教学安排：以两周一次课程为宜。

（4）课程时间安排：每次上课时间为 1.5 小时。

（5） 课程师资配备：3 名心理咨询师，其中主讲 1 名、助理 2 名。

如何取得更好的教与学效果：

（1）学习方式方面：以发现学习为主（据布鲁纳的学习动机观点，强调学习的内在动机性），以接受学习为辅。

（2）学习水平方面（据加涅 1970 年提出的分类标准）：以辨别学习、刺激反应学习、信号学习、连锁反应学习、问题解决学习为主，以传统的概念学习、言语联想学习、规则学习为辅。

（3）学习结果方面：以认知策略的学习、智慧技能的学习和态度的学习为主，以言语信息的学习和运动技能的学习为辅。

须注意：应教、学互动，以人为本，引导学生自主探索、发现，认真归纳总结，切忌填鸭式教学。课程中涉及的问题没有 100% 正确的答案，只要学生掌握了方法，知道了一种可能性，有运用的能力即可。

（1）课程前：学生进行预习，在教材上写上互动内容。

（2）课程中：学生重点在情景中体验、感受，思考如何把所学内容与生活相结合。

（3）课程后：学生认真填写反馈总结，并且尝试在生活中灵活运用。

心理学家和为人父母者需要关注的是儿童在成长中所表现出来的社会情感的发展程度。因为社会情感是儿童发展的晴雨表，在儿童心理的正常发展中起着决定性和指导性作用。社会情感的任何障碍都会危害儿童的心理发展。

——阿尔弗雷德·阿德勒《儿童教育心理学》

目录

预备篇　儿童的发展任务

第一讲　儿童的集体主义观念培养

你是集体中的一员吗?

课程纲要

学习目标

1. 认识什么是集体。
2. 了解集体的要素有哪些。
3. 明确集体主义观念体现在什么方面。
4. 了解如何做到有集体主义观念。

学习重点

1. 集体的要素。思考：没有人算不算集体？
2. 如何体现一个人具有集体主义观念？
3. 如何做到有集体主义观念？

注意

1. 没有目标的多名成员的组合只能是一个群体。
2. 个体的利益只有符合集体的共同利益时才是被允许的。
3. 并不是所有的符合集体利益的事情都是对的。
4. 小集体通常包含在大集体之内。
5. 为集体利益而舍弃个人利益，是有集体主义观念的体现。
6. 太过执着于为集体做贡献，有时反而会伤害集体的利益。

课程内容

集体

（1）和个体相对；

（2）有共同的活动范围，或共同的性质；

（3）有共同的目的。

如：一个班，一个家，一所学校，一个社团，一所公司，一个国家。

集体主义

（1）是一种精神；

（2）集体主义是个人利益的普遍反映；

（3）和个人主义相对；

（4）集体主义通过个体来实现。

问题来了，思考：

小明学习、品德等都是中等，他有没有为集体做贡献？

举例：**我们班是一个优秀的班集体。**

我们班学习成绩综合排名第一，我们班体育成绩综合排名第二；

我们班品德综合排名第一，我们班的歌唱社团在全区比赛中取得过第一名的好成绩；

我们班有同学获得过全国绘画比赛一等奖，我们班有全校跑步最快的同学；

我们班获得过全国传统文化比赛一等奖；

……

情景故事

"有集体主义观念"的小百合

某小学五年级一班"集体主义观念的培养"课堂上。

五年级一班总共有45个人，按照董老师的要求，全班同学分为3个小组制作以"家园"为主题的沙盘作品。董老师要求几个组进行比赛，从完成的速度、组内成员的注意力、是否有"小动作"、成员是否保持安静、作品是否有统一的名字、分享表达的人数、分享表达的质量等方面进行考核，董老师作为观察员悄悄地进行记录。绝大多数学生听到董老师的要求后立即收敛了自己的"小动作"，集中精力进行自己小组内作品的制作。

董老师不断地在黑板上记下各组的表现情况，突然，当董老师刚刚在2组"成员是否保持安静"栏目下减掉1分时，2组的小百合举起了手，并说道："老师，刚刚1组也有说话的同学，你为什么没有记？"董老师回答了她的问题，同时在"组内成员的注意力"这一栏给2组减掉了1分。小百合特别不服气，对于自己错在哪里百思不得其解。

小百合真的做错了吗？错在了哪里？

最后董老师终于给大家做了解释："小百合想要维护自己组里成员的利益非常好，这是有集体主义观念的体现。但是当她一心想要维护集体利益的时候忘记了自己应该尽的职责，把注意力集中在了监督他人上而忘记了自己的注意力应该放在为自己的集体做贡献上，所以又丢失了注意力的分数。虽然她也很有集体主义观念，但是因为没有选择合适的行为方式，反而影响了集体的利益。"

实践操作

实践用具

沙盘，沙子，沙具，纸，笔，投影仪，翻页笔，相机，数据线。

情景体验

1. 全体成员分组结合主题进行制作，并给作品取名字。
2. 小组内分享讨论：哪些行为是为集体做了贡献？
3. 推选代表，或者是同学自告奋勇，或者由老师指定同学进行分享交流。

制作

注意

1. 对体现集体主义观念的行为进行总结和表扬。
2. 对每一个“集体优势”加以表扬。
3. 同时表扬体现集体主义观念的个人。

制作过程中的纪律、速度、注意力等，制作结束后的分享人数和质量，作品是否有统一的名称等，都是考核标准。

你的表现如何？写在后面的横线上

1. 你的哪些行为为集体增加了分数？________________
2. 你遵守纪律了吗？________________
3. 你的速度快还是慢？________________
4. 你主动分享了吗？________________
5. 你回答问题了吗？________________

快乐分享

1. 我的班级，我的名字。

如：大家好，我是五年级二班的小明。

2. 我选取的沙具是（做的动作是）什么（建议选取课堂上的真实回答为示例）。

如：我选取了一个孔子，还挖了一条河，还把黑衣人移到边上了。

3. 我为什么选取这个沙具（它有哪些特征，喜欢它的什么）。

如：我喜欢孔子的博学，他穿着长袍，微微地弯着腰，他能教给我们许多的知识，我想像他一样成为一个有学问的人。

4. 我的沙具在整个沙盘作品中的位置（作用）。

如：我的孔子像在学校的前面，在整个沙盘作品的中间，象征着这里是一个学习的地方。

5. 我希望下次制作沙盘作品时能够为整个集体做什么。

如：我希望下次能够选择一棵树，为集体做些环境建设方面的事情。

也可以在预习的时候想一想你心里想要选什么，并写下来。让我们来看看上实践课的时候，是否真的有机会选到哟！

你知道沙盘游戏里的动作有什么含义吗？我来解释给你听。

（1）从摆放沙具的地方拿一个沙具到沙箱里（一个长方形的木箱子）；

（2）移动沙箱里的沙子，比如堆个山丘，或弄得很平整，或者挖一条河……

（3）把沙箱里的沙具（也可以移动其他成员摆放的沙具）移动到一个你喜欢的地方。

想一想，并将答案写在后面的横线上。

在制作过程中我学到了什么？____________________

如何在现实生活中应用？____________________

在制作过程中我有哪些遗憾？____________________

如何在现实生活中弥补？____________________

特别有集体主义精神的企鹅

众所周知，企鹅家族生活在世界上最寒冷的南极大陆。那里到处都是冰天雪地，如果把一杯水洒向空中，落下来时，将会成为许多冰晶，而如果人类到了南极而不采取很好的保暖措施是会被冻死的。哇，是真的很冷呀。✦（自己哆嗦 20 下试试，"哆啰啰、哆啰啰……"）

但是企鹅家族只能在南极生活，就像我们目前只能生活在这个地方一样，因为这里就是我们的家乡，而南极也是企鹅的家乡。在那么冷的地方，企鹅们怎样才能保证小企鹅不会被冻死呢？答案就是靠在一起互相取暖——壮实的成年企鹅轮流站在外圈，把弱小的企鹅保护在内圈。小企鹅的健康成长是成年企鹅们最大的心愿。企鹅们是不是很有集体主义精神呢？

而我们的父母在外工作，祖父母在家做家务……是不是都像成年企鹅一样在为我们这些孩子们做贡献呢？**我们平安、健康、快乐地长大，就是他们的快乐，这也是在为家庭这个小集体做贡献呢！**

我是集体中的一员，集体就是我的家！

集体宣言

从今天开始，
我将时刻牢记：
我是集体中的一员，
我为我的集体而骄傲，
我将为我的集体付出辛勤的努力；
我的集体因为我而自豪，
我因为我的集体而荣耀！

情景故事

学校的骄傲

苗苗是一个酷爱读书的孩子，总是有各种各样天马行空的想法。她也非常喜欢编故事，妈妈也喜欢在苗苗编故事的时候帮她记录下来。五年级上学期，苗苗在全市作文比赛中获得了一等奖，然后她作为代表参加了全国的作文比赛。在全国总决赛上，她又从来自全国各地的一百多名选手中脱颖而出，获得了一等奖。当苗苗上台领奖时，她所在小学的校名也同时被播报出来。回到学校后，校长和老师特别高兴。学校的公告栏里贴上了喜报：

喜报

恭喜我校学生苗苗同学获得了全国作文比赛一等奖，为我们学校增光添彩，我们要以她为榜样，为我们的学校带来更多荣誉。

第二讲　儿童的勤奋感培养

你是个勤奋的孩子吗？

课程纲要

学习目标

1. 认识勤奋感的内涵、外延。
2. 了解勤奋感的体现形式。
3. 学会勤奋感的培养方式。

学习重点

1. 了解勤奋感的体现形式。
2. 了解对规则的破坏、对底线的挑战也是勤奋感的一种体现。
3. 学会以他人能够接受的方式来呈现勤奋感。

注意

1. 破坏、挑战、不服管教、叛逆、调皮等都是勤奋感的体现，只是需要通过正确的引导，使学生以一种可以被社会接纳的方式来呈现自己的勤奋感。

2. 人际关系协调是一种特别重要的勤奋感的呈现方式。

小鸭子们也需要努力学习生存技术！

课程内容

勤奋感体现 1：探索世界的行为

1. 通过人体自身来进行探索。

不同年龄的儿童使用不同的方式探索世界：

（1）用嘴巴、眼睛、耳朵、鼻子等感觉器官来探索世界；

（2）用四肢、额头等身体的其他部位来探索世界；

（3）综合运用器官、身体的各个部位及大脑来探索世界。

2. 对未知领域的探索，如对新游戏、新事物、新知识等的好奇行为。

3. 对规则、界线等的试探，对权威的挑战。

注意

1. 婴儿式的探索世界的行为通常为：通过咬、撕、摔等行为来破坏东西。

2. 不明智的探索世界行为包括：打、骂、对抗、违反纪律、挑战规则、和父母及老师顶嘴、做违法的事……

你会运用哪一种方式探索世界？请写在空白处。

升华 **最好的行为方式：通过大脑思考后再探索世界。**

举例：有一天，爸爸出差回来给我买了一辆“散架”的玩具车，和以前所有的都不同。它有一个红色的外壳，车顶上有一个行李架，车子下面还有一个像纽扣一样的电池和一个遥控器。起初我不知道怎样玩，后来发现了说明书，便快乐地尝试起来。通过认真阅读、多番研究，我终于成功地把玩具车组装了起来。我感到非常开心。

勤奋感的体现 2：能力的提高

1. 兴趣特长方面，进一步拓展和提高。

2. 身体素质方面，拥有强健的体魄。

3. 学习成绩方面，获得优异的成绩。

4. 习惯养成方面，养成良好的学习和生活习惯。

5. 生活技能方面，掌握更多生活技能，更加独立。

情景故事

进步的苗苗

苗苗是二年级的学生，今年 7 岁。爸爸妈妈工作太忙没时间照顾她，便让她进入了寄宿学校。在学校里，苗苗每天早上自己穿衣服、梳辫子，自己刷牙、洗脸、去食堂吃饭。开始时，苗苗把辫子梳得乱七八糟。班主任老师耐心地帮助、指导她，经过练习，苗苗很快便可以自己把辫子梳得很整齐了。她还报名参加了学校的绘画社团、跳大绳小组，参

你有哪些能力提高了？可以写在下面！记得是和自己比哟！

加了成语竞赛、“小金笔”比赛等。一个多月后，苗苗开心地把好几张奖状带回了家，其中有成语竞赛一等奖、“跳大绳小能手”、“小金笔能手”等，另外还有小测试的试卷。但是她并没有把这些奖状直接告诉妈妈，而是含蓄地说：“妈妈，你看看我的书包。”

故事中，苗苗的哪些能力得到了提高呢？

勤奋感的体现3：人际关系的协调

生活中常见的人际关系包括：

你们的关系怎么样？

（1）家庭中，与父母、祖父母、兄弟姐妹的关系；

（2）学校里，与教师、同伴间的关系；

（3）社会中，与陌生人的关系。

①职能型的人：礼貌相待，遇到危险时可向其求助；

②普通陌生人：识别善意的交流和恶意的引诱，区别对待。

情景故事

百思不得其解的凡凡

凡凡是大家庭里唯一的男孩子，今年10岁，学习很好，只是没有朋友，因此，他很苦恼。家里有爷爷、奶奶、爸爸和妈妈，外公、外婆也住在附近，还有几个堂姐和表妹。凡凡是家里最不平凡的宝贝，从小爷爷、奶奶就要求堂姐让着他，外公、外婆也要求几个表妹让着他，因此堂姐、表妹都不喜欢他。爸爸、妈妈也拿凡凡没办法，因为每当他们生气发脾气的时候，爷爷、奶奶和外公、外婆都护着这个宝贝，十年来他真是“打败全家无敌手”呀！可惜，从上一年级开始，事情发生了变化。同学们非但不会让着他，而且还会躲着他或者和他打架，老师也总是批评他。现在好不容易熬到五年级，凡凡连一个好朋友都没有，甚至连超市收银员和电玩城的服务员都不喜欢他。当然也有人对凡凡比较好，比如学校门口小卖部的老板，商场门口的促销员。他一点儿也不喜欢这种状况，“怎样才能有好朋友呢？”凡凡真是百思不得其解！

如果你是凡凡，你知道其中的原因吗，你会怎么做？

实践操作

实践用具

沙盘，沙子，沙具，纸，笔，投影仪，翻页笔，相机，数据线。

情景体验

1. 分组制作，以情景故事《百思不得其解的凡凡》为主题。
2. 小组内讨论分享：哪些行为体现了勤奋感，是否让人开心？
3. 大组内分享如何做到体现自身勤奋感的同时也让他人感到开心。

总结升华

勤奋感不仅仅体现在知识的获取或兴趣、能力的提高，能够使各方面关系协调、融洽，适应社会，才是勤奋感最好的体现。

注意

须妥善处理破坏、挑战、对抗等这一类型的体现勤奋感的行为：

1. 首先，肯定这是探索世界的行为；

2. 其次，进行正性引导，使学生学会在不破坏人际关系的前提下，达到自己的目标。

把花朵摇落在地，这种行为是被允许的探索世界的行为吗?

快乐分享

下面以一年级的晓玉同学的回答作为示例：

讲给大家听

1. 我的名字：

我是一年级的晓玉。

2. 我选择的沙具：

我选择了一个跳舞的小女孩。

3. 我选这个沙具的原因：

我觉得她特别漂亮，我很喜欢她。

4. 我喜欢这个沙具的哪个特征：

我喜欢她脸上的笑容，她这么可爱，一定不会被欺负。

5. 我想对这个沙具说的一句话：

我想对她说："你好漂亮，我喜欢你，我也想这么开心地跳舞。"

6. 我以后会如何做：

我以后也要好好学习跳舞，希望能够和她一样。

7. 在这次活动中我学到了什么：

我学习到了：欺负人、不讲道理会没有朋友，不能总是任性。

8. 哪些可以运用到生活、学习中：

要好好学习跳舞，要讲道理，不欺负人。

9. 在这次活动中我的遗憾是什么：

我的遗憾是没能给她找一个朋友，她自己跳舞太孤单了。

10. 哪些可以在生活、学习中进行弥补：

去参加舞蹈学习班的时候，我一定要交一个朋友一起学习。

天道酬勤

从现在开始，
我将每天，
在生活和学习上养成良好的习惯，
在爱好、特长等各方面能力的培养上勤下功夫，
在与人相处中尊重他人、自尊自爱。
半年以后，
我将会变得更加优秀，
处理生活、学习中的问题更加得心应手，
更加开心和幸福。

半年检验

经过春、夏的生长，秋天才会硕果累累

第三讲 人际关系初体验——同伴关系

你有好的同伴关系吗？

走在乡间的小路上，我们一起探索成长

课程纲要

学习目标

1. 了解人生的发展阶段和特点，以及本阶段的重要任务。

2. 了解同伴关系中的同伴接纳类型，以及受欢迎的同伴接纳类型所具有的品质。

3. 了解自己属于哪种同伴接纳类型，以及自己是否喜欢自己的同伴接纳类型。

学习重点

1. 通过游戏的方式让学生认清自己所属于的同伴接纳类型。

2. 在情景中感受好的同伴接纳类型受人欢迎的原因。

3. 在情景中分享关于受人欢迎的同伴的情绪感受。

4. 自主觉察、发展成为受人欢迎的同伴接纳类型。

注意

1. 用游戏的方式来呈现学生之间的关系，让学生体会几种关系类型的特点，而不是过于简单、直接地告诉学生其所属于的同伴接纳类型。

2. 总结受人欢迎的同伴接纳类型所具有的特点，并表扬拥有受人欢迎的品质的学生，树立学生学习的榜样。让学生自觉模仿学习，自主改变自己的同伴接纳类型，改善自己的同伴关系。

课程内容

一、人生发展的几个阶段

埃里克森在《儿童与社会》中指出，人生发展主要包括八个阶段：

（1）婴儿期：0~2 岁；
（2）儿童早期：2~4 岁；
（3）学前期：4~7 岁；
（4）学龄期：7~12 岁；

儿童

（5）青少年期；12~18 岁；
（6）成年早期：18~25 岁；
（7）成年中期：25~50 岁；
（8）成年晚期：50 岁及以后。

成年

※ 你现在在哪个阶段？你还记得自己几岁时的事情？

1. 婴儿期（0~2 岁）主要特点：

本阶段的发展任务是满足生理上的需要，发展信任感，克服不信任感，体验愿望的实现。常见行为包括：哭、笑、睡觉、进食、排泄等。该阶段的婴儿通常用哭和笑等简单地表达自身需求，几乎完全依赖父母或其他看护人；活动地点主要是家里以及家附近的区域；玩耍对象主要是成人。

2. 儿童早期（2~4 岁）主要特点：

本阶段的发展任务主要是获得自主感，克服羞怯和疑虑，体现出意志行为的实现。除了满足基本的生理需求外，已经不满足于停留在狭小的空间内，渴望探索新世界。用语言、行为等表达自己需求的现象持续增多，可以在监护人的看护下独自玩耍或与其他伙伴玩耍；部分行动开始受自我意识支配，但生活仍不能完全自理，需依靠家人或是老师的照顾，仅能偶尔尝试学习做自己的事情。活动地点继续向家以外的地方延展；活动的对象中，同伴占据的时间大幅增加。

3. 学前期（4~7 岁）主要特点：

本阶段的发展任务是获得主动感和克服内疚感，体验目的的达成。本阶段也称为游戏期，游戏起着执行自我的功能，人们可以在游戏中解决各种矛盾并进行学习。本阶段的生活中，会主动学习自理，行动较为自由，通常是自己玩耍或与同伴玩耍；活动地点除了维持生命体所必需的吃饭、睡觉等仍然在家里外，更多的时间都在幼儿园、各种兴趣班及其他的活动场所。本阶段中，自主性的发展非常重要，埃里克森认为，个人未来在社会中所能取得的工作上、经济上的成就都与本阶段主动性发展的程度有关。

4. 学龄期（7~12 岁）主要特点：

本阶段的发展任务是获得勤奋感，克服自卑感，体验能力的获得。这个阶段儿童的社会活动范围更大，儿童依赖的重心已由家庭转移到学校、辅导班、兴趣班、各类社团等。埃里克森认为，顺利地解决勤奋对自卑的心理矛盾的儿童会形成对技能和任务的能力感、积极且现实的自我概念、对成就的自豪感、道德责任感以及掌握与同龄人合作学习的能力。许多人对学习和工作的态度和习惯都源于本阶段中勤奋感的获得。

5. 青少年期（12~18 岁）主要特点：

本阶段的发展任务是建立自我同一性[1]和防止自我同一性混乱，体验忠诚的实现。这一阶段的青少年与朋友相处的时候“心境是最好的”，他们对朋友的特征描述往往是“亲密”和“忠诚”。在这个阶段青少年经历着狂风暴雨般的生理变化，逐渐拥有了成人的体格和性成熟。同时还伴有重大的认知变化，开始学习成年人的思维方式，摆脱家庭束缚，形成更大的自主性，学会成熟地与同伴交往，开始构建自我同一性。12~14 岁的青少年早期是一个迅速发育的时期，对有些人而言，这一时期是特别尴尬的阶段；14~16 岁为青少年中期，生理发育几乎完成；16~18 岁为青少年晚期，年轻人有了成人的体格，并渴望承担成人的角色。

二、儿童每天用于玩耍的时间有多少

（1）满足生理需求的时间：吃饭约 1.5 小时，睡觉约 8~9 小时。

（2）学习时间：上课约 4.5~6 小时，写作业约 1 小时。

（3）学习体育、音乐、美术、品德课用时约 1.5 小时（爱上它们，这就成了玩耍时间）。

（4）其他可以玩耍的时间：

课间休息约 1.5 小时，

参加兴趣班约 1~2 小时，

其他可用于玩耍的时间约 4.5~6.5 小时。

---

[1] 自我同一性：一种在性别、职业、道德、种族、信仰以及其他生活观念和目标等多方面，知道自己是谁的安全的感觉。

三、愉快地渡过玩耍时间需要哪些能力

1. 表达能力。

如约同学一起打球时说：“我们一起去打球吧！”

2. 倾听能力。

如通过倾听，明白同学希望一起打球，但是今天刚好有事不能赴约时说：“今天不行，今天我有事。”

3. 理解能力。

如得知同学因事不能一起打球时说：“好的，你先去忙吧，那么我们明天再一起打球。”

4. 设身处地为他人着想的能力。

如了解同学有事情时说：“你今天有什么事，需要我帮忙吗？”

5. 积极参与的能力。

如得知读书比赛的消息时说：“小红和小雅参加读书比赛，我们也一起参加吧！”

6. 真诚相处的能力。

如拒绝同学时解释道：“妈妈今天从外地回来，我想早点回家。”

7. 真诚赞美的能力。

如称赞同学时说：“你跳绳跳得真好！”

8. 虚心学习的能力。

如遇到解决不了的问题，需要向同学求助时说：“这个我怎么也做不好，你可以教我吗？”

9. 勇于认错的能力。

如不小心撞到同学时及时道歉：“刚才不小心碰到你，对不起。”

10. 大度宽容的能力。
听到同学的道歉时回应说：“没有关系，我原谅你了。”

11.

12.

13.

14.

15.

16.

17.

18.

还需要什么，
你来补充一下吧！

四、什么是同伴关系

构成同伴关系的主要要素包括：

（1）年龄相同或相近，或心理发展水平相当；

（2）共同活动并相互协作；

（3）在交往过程中建立和发展起来的一种人际关系。

五、与同伴交往有什么好处

（1）使人产生安全感和归属感；

（2）使人们更好地发现自我；

（3）向人们提供情感支持；

（4）赋予人们社会知觉，帮助人们学习相处模式。

在和同伴的相处中，
你通常处于什么位置？

情景故事

写作社团的小故事

苗苗已经是四年级的学生了。最近，语文老师孙老师鼓励大家积极写文章并参加写作社团。苗苗从小就喜欢写作，因此她跃跃欲试，非常想写一篇优秀的文章。苗苗很想报名参加社团，但是却不敢。孙老师期待地看着同学们，把目光扫到了学习成绩优秀的苗苗、辰辰、飞飞身上。辰辰率先说：“老师，我报名。”苗苗也立即报了名，飞飞也随后报名。苗苗非常开心：终于有同学和自己一起做喜欢的事情了。孙老师也很开心，表扬了她们，并继续动员其他同学。其他同学也纷纷报名。

写作社团成立后，她们经常在一起讨论文章细节，苗苗感到十分开心。后来苗苗还参加了全国作文比赛，并取得了非常好的成绩。

1. 苗苗开始时，想报名却不敢。因为她感到害怕，担心只有自己报名。

2. 辰辰报名后，苗苗报名。苗苗找到了同伴，感到十分开心，并产生了归属感。

3. 老师表扬报名的同学后，其他同学也纷纷报名。因为同学们会模仿受表扬的行为。

六、同伴交往的表现

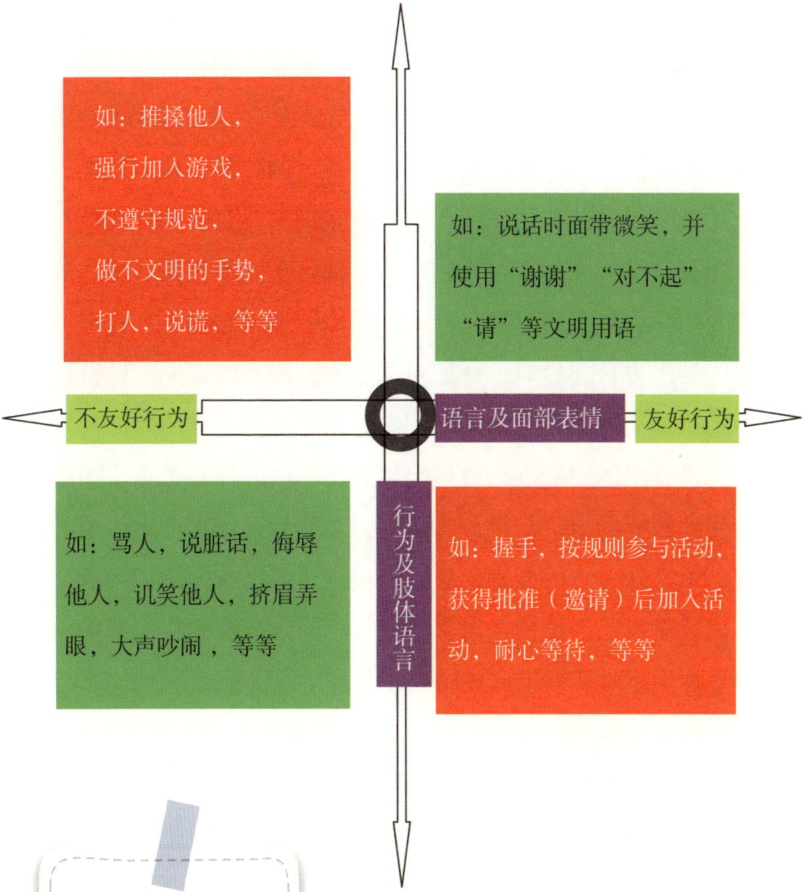

上述行为和语言，哪些是你常用的？

七、与同伴交往中的同伴接纳类型

与同伴交往是儿童形成和发展个性特点、社会行为、价值观和生活态度的一个独特而主要的方式。儿童对同伴交往的需要是逐渐建立的，随着年龄的增长而增加。从婴儿期到青少年前期，儿童与其他同伴的交往稳步增加，而与成人的接触则相对减少。

一般来说，同伴团体的形成需要一定的过程，在学前期，基本上还没有形成同伴团体。在小学低年级，儿童的同伴团体往往是由儿童自发形成的非正式的团体，缺乏正式的规则，团体成员经常变换。从中、高年级起，同伴团体的组织结构更加完善，同伴团体的压力日益显著，开始对儿童产生深远的影响。这种影响主要是通过集体的舆论而实现的。如果儿童能遵守团体的规则，其行为符合团体的标准，往往会得到团体的好评和尊重，相反，则会受到团体的指责与批评。因此，儿童为了获得在团体中的地位就必须遵守一定的准则，被同伴接纳。儿童在团体中的地位，团体成员对自己的评价等对其自我概念的形成起到很大的影响，这对于青少年时期形成自我同一性有着非常重要的作用。

同伴接纳是同伴关系的一种形式，反映了一个群体对某一个人的态度。同伴接纳是指喜爱度，即某儿童被某同伴群体（如同班同学）视为一个有价值的社交伙伴的程度。喜爱度不是一种相互关系，而是一种单方面的看法。同伴接纳较好的儿童一般会拥有更多的朋友，并与他们形成更好的关系（据 Gest，Graham-Bermann，Hartup，2001）。

同伴接纳水平是影响同伴团体形成的重要因素。在同伴交往过程中，儿童的社会行为、学业成绩、社交策略以及教师接纳是影响其同伴接纳的主要因素。

研究者通常使用测量社交偏好的自我报告来评价同伴接纳。另一种方法是评价社交优势，即由儿童判断哪个同学会受到多数同学的喜爱。在一个普通的小学班级中，大约有 2/3 的儿童属于下述四种同伴接纳类型中的一种，余下的 1/3 被认为处于平均水平。

1. 受欢迎型儿童，得到许多认可的儿童。

（1）**受欢迎—亲社会型儿童**，一般学习能力与社交能力都强，在学校表现优秀并且以敏感、友好、合作的方式与同伴交流，在交往中积极主动。

（2）**受欢迎—反社会型儿童**，包括“恶作剧”男孩和关系攻击型的男孩和女孩。前者通常体育能力强但学习较差，经常“惹麻烦”，不在意成人的权威；后者习惯于采用忽视、排他和散播别人谣言等方式来提高自己的地位（据 Cillessen，Mayeux，2004；Rpdkin 等，2000；Rose，Swenson，Waller，2004）。他们因为好斗及社会适应的行为而受到钦佩。虽然同伴的钦佩能够使这些儿童免于遭受长期适应困难，但是他们的反社会行为需要干预（据 Prinstein，La Greca，2004）。否则，随着年龄的增长，这些儿童最终往往会成为被拒绝的类型。

2. 被拒绝型儿童，不被别人主动喜爱的儿童。

被拒绝的儿童表现出各种消极的社会行为。

（1）**被拒绝—攻击型儿童**，表现出很多冲突行为、身体和关系攻击以及过度活跃、缺乏注意力和冲动行为。他们比受欢迎—反社会型儿童更好斗，还存在观点采纳偏差（认知偏差、敌意归因）和情绪调节不良现象。例如，他们常把同伴的非故意行为看作敌意行为，并把自己的社交困难归咎于别人（据 Coie，Dodge，1998；Casas，Nelson，2002）。

（2）**被拒绝—退缩型儿童**，很被动，不善交往。这些羞怯的儿童常被社交焦虑所困，对同伴看待自己的方式持有消极预期，并且担心被斥责和攻击（据 Hart 等，2000；Ladd，Burgess，1999）。

3. 有争议的儿童，得了许多评价，但有积极评价也有消极评价。

这类儿童既会表现出积极的社会行为，也会表现出消极的社会行为。他们有时表现出积极的亲善行为，有时又会充满敌意和破坏力。虽然一些同伴不喜欢他，但是他们具有一些使自己免受社会排斥的品质。与受欢迎—反社会型儿童一样，他们常常会攻击别人并发起巧妙的关系攻击以确保他们的支配性。

4. 被忽视型儿童，很少被选择，无论欢迎还是拒绝。

这些儿童较少参与交往，别人都认为他们很害羞，但是他们具有和一般儿童一样的社交能力。曾被人认为需要接受治疗的被忽视儿童其实通常会适应良好。但是他们并没有感到孤独或不幸，只要愿意，他们可以自行脱离通常的游戏模式。（他们是自愿选择独处，而非被动独处。）

需要注意的是，可以通过下述方式帮助被拒绝儿童改善他们的同伴关系和心理适应。

（1）使用社交技能训练，改善他们的学习成绩和社会接受度。

（2）改变他们的问题归因，加强关于解决社会问题的训练。

情景故事

苦恼的王小虎

我叫王小虎，奶奶希望我像小老虎一样虎虎生威，所以给我取名叫小虎。当然我也没有辜负奶奶的期望，从小就饭量很大，长得虎头虎脑的，身体也非常好。我比一般的同龄孩子高许多，也重许多。从小时候起，和小朋友一起玩耍时，他们就都让着我，不敢和我争抢。我如果喜欢他们正在玩的游戏，就会抢着去参加，如果谁不让我参加，我就朝他发脾气，他们就不敢拒绝我了。

但是最近我很不开心，每次看到同学们玩得热火朝天，想和他们一起玩时，他们都会从我身边跑开；他们还会挤在一起笑，不理我，但是当我离开后，他们便又开心地玩起来。爸爸、妈妈、奶奶都不理解我，在他们眼里我很可爱，可我一个朋友都没有，我希望自己能有更多的朋友。我怎么样才能被同学们喜欢呢？

你知道小虎为什么苦恼吗？怎么样才能帮他摆脱现状？

实践操作

实践用具

沙盘，沙子，沙具，纸，笔，投影仪，翻页笔，相机，数据线。

情景体验

1. 分组制作团体沙盘，以情景故事《苦恼的王小虎》为主题。

2. 组内讨论分享：友好行为有哪些，不友好行为有哪些？

3. 体会自己所属于的同伴接纳类型，分析自己是否喜欢这种类型。

4. 向集体分享自己的同伴接纳类型，讨论受人喜欢的同伴关系具有哪些品质，如何才能具有那种品质。

讨论重点

1. 受欢迎型儿童为什么受欢迎，这些同学都具有哪些品质特征？

2. 被拒绝型儿童为什么不受欢迎，怎么样才能成为受欢迎型儿童？

3. 被忽视型儿童为什么被忽视，怎么样才能引起他人的关注，和大家更好地相处？

让我们一起来看看，我们的交往类型属于哪一种？

快乐分享

1. 我的姓名。

如：我叫方晓雅。

2. 我所在的班级。

如：我在四年级二班。

3. 我选取的沙具。

如：我选择的沙具是跳舞的女孩、大树、蘑菇房子。

4. 我喜欢的这个沙具的特点。

如：跳舞的女孩很漂亮，看起来很开心。蘑菇房子也很漂亮，颜色很美，房子前面还有一只可爱的小兔子。

5. 我有多少个好朋友，都是谁（最多列举 3 个）。

如：我有 5 个好朋友，她们是白洁、王宁浩、庞晓语等。

6. 我最喜欢的朋友和我的相处方式。

如：我喜欢朋友和我在一起玩耍、做作业，一起分享零食；我不开心时，她们还是会陪着我。

7. 我认为我属于的同伴接纳类型是什么类型？为什么？

如：我认为我属于的同伴接纳类型是受欢迎型，因为她们都喜欢和我一起玩，我们在一起时也很开心。

8. 你认为故事中的小虎怎么样才能有朋友？

如：我认为王小虎应该有礼貌，不应该欺负他人。

归纳总结

受欢迎的同伴接纳类型所具备的品质：

真诚，好好说话　热情　保持微笑　相互陪伴

乐于帮助他人　有能力，学习好　有规则界线　勤奋　大度

这么多的特征，你具备哪些呢？

情景故事

快乐的苗苗

苗苗在学校获得了许多奖状，回家后她得到了妈妈的表扬。回到学校之后，苗苗继续保持原来的状态努力学习，并且积极参加学校里的各种活动。同时，她热心地帮助学习不太好的同学补习功课，并邀请胆子小的同学一起参加社团，还把自己从家里带来的零食和同学分享，但是自己却从来不在未获得允许的情况下拿别人的东西，在别人随便拿自己的东西时，苗苗也会礼貌地告诉对方应该提前征得自己的同意。苗苗的朋友越来越多，每天给妈妈打电话时都像一只快乐的小鸟儿。老师和同学们也愈发喜欢她，苗苗感到生活真是太美好了！

第一篇　儿童的道德行为

第四讲　儿童的道德行为发展

你的道德行为发展到什么阶段了？

课程纲要

学习目标

1. 了解道德行为的概念及分类。
2. 识别自己与他人的道德行为类型。
3. 学会使用符合社会规范的方式表达自己的道德行为。

学习重点

1. 重点了解亲社会行为和攻击行为。
2. 识别情景中自己道德行为的类型，并修正自己的行为。
3. 学会用亲社会行为来表达自己的情绪和行为。

注意

1. 用符合社会规范的行为表达自己的意图。
2. 使用团体沙盘游戏代入场景，自然呈现儿童通常会产生的行为。
3. 攻击行为和亲社会行为是可以相互转化的。

课程内容

一、什么是道德行为

（1）受一定的道德意识的支配；

（2）对他人和社会有道德意义的活动。

A.黄灯亮时通行

B.红灯亮时通行

C.绿灯亮时通行

上面这三个人
谁做得对，
为什么？

二、同学们的常见困惑

为什么同伴有秘密不告诉我？

为什么有的同伴不太友好？

为什么有的同伴不遵守规则？

和同伴交往中发生争吵了该怎么办？

教会了他，他就不理我了怎么办？

同伴喜欢推人怎么办？

有人喜欢抢东西怎么办？

有人喜欢偷偷拿别人的东西怎么办？

有人喜欢骂人怎么办？

别人诬陷自己，自己又辩解不过怎么办？

朋友有了新朋友，不理我了怎么办？

小兔子为什么不吃东西？

情景故事

苦恼的苗苗

苗苗最近有一件烦心的事情，每周妈妈给自己带的牛奶总会莫名其妙地少几盒，其他零食也有丢失的情况，舍友们带来的零食也是这样。难道班里有小偷了？宿舍的同学们仔细观察了几天，发现了“罪魁祸首”——原来是班里那个最不讨人喜欢的女生偷了她们的零食。班主任也拿她没有办法。这可怎么办呢？她们十分着急。最后，苗苗和舍友们只好“以守为攻”，自己保管好自己的食物。这样之后，丢零食的现象便少了许多。而且，因为这次经历，几个同学的关系更加亲近了。

三、校园冲突（暴力）

1. “被同学欺负”这一现象的现状。

在中国青少年研究中心的一项对全国 10 个省、市的 5864 名小学生的调查中发现，32.5% 的学生偶尔被欺负，6.1% 的学生经常被高年级同学欺负。

2. 校园暴力行为的表现。

常见暴力行为包括殴打等外在侵害行为，以及对受侵害对象的精神强制行为，如恐吓，“硬碰硬”的冲突，侮辱性、逼迫性行为，等等。

3. 导致校园暴力产生的主要原因。

（1）日常摩擦，约占 55.0%，如同学之间日常相处中所遇到的各种困惑。

（2）钱财纠纷，约占 17.5%，如争抢零食、索要钱财、借钱不还等。

（3）情感纠葛，约占 15.0%，如错误地认为“A 是我的朋友，必须和我在一起”等。

（4）偏激心理，约占 7.5%，如认为“男生、女生牵一下手就是谈恋爱”等。

四、道德行为的分类

1. 亲社会行为。

准备帮助他人或采取有益于他人的行为。儿童很早就表现出一定的亲社会行为，且此类行为随着儿童年龄的增长呈增加趋势。

如：分享、助人、合作等。

2. 攻击行为。

经常性有意伤害和挑衅他人的行为。儿童的攻击行为具有一定的稳定性。3~10 岁表现出的攻击行为可以很好地预测以后的攻击倾向和其他反社会倾向。此类行为是不被社会规范所允许的。

如：欺负行为，明知不被允许却故意去做的行为等。

3. 道德意志行为。

由道德动机引起的，有意识地控制和调节自己的行为。美国心理学家布鲁纳认为，意志活动的努力程度取决于动机。在外部力量的作用下，小学儿童的这种意志控制力和自觉性会明显地表现出来，但是还不能完全离开外部的检查和督促。

如：上课期间规定不能打闹，如果打闹，则是违反规定并会受到处罚，因此绝大多数同学能够控制自己的冲动，但少数同学却无法做到。

4. 道德行为习惯。

是与一定的道德需要、道德倾向相联系的自动化的行为动作。自觉地坚持实行道德意志行为，可形成行为习惯。

想一想：你的道德行为有什么？

如：讲文明、懂礼貌的好习惯，遇到冲突、矛盾时使用文明的解决方式的习惯，自觉排队的好习惯，自觉遵守学生守则的好习惯，自觉遵守交通规则的好习惯，自觉遵守班级纪律的好习惯，等等。

五、小学生的道德行为特点

依随社会风尚，遵从集体决策，自己较少坚持单独的主张或采取果敢的行为。

六、攻击行为与亲社会行为的转换示例

攻击行为示例：

打人；
抢夺玩具；
侮辱他人；
乱涂乱画；
吹毛求疵；
杀人，虐待动物；
纵火；
不讲道理的争论；
诋毁或诽谤他人。

亲社会行为示例：

拳击训练，相扑运动；
进行拔河、下棋等比赛；
主持节目，作为演员扮演角色；
在画板上画画，粉刷墙壁；
开展质量、安全或消防检查；
在战场上杀敌，在屠宰场进行屠宰；
做实验时通过点火试验燃点；
律师为当事人辩护；
撰写剧本。

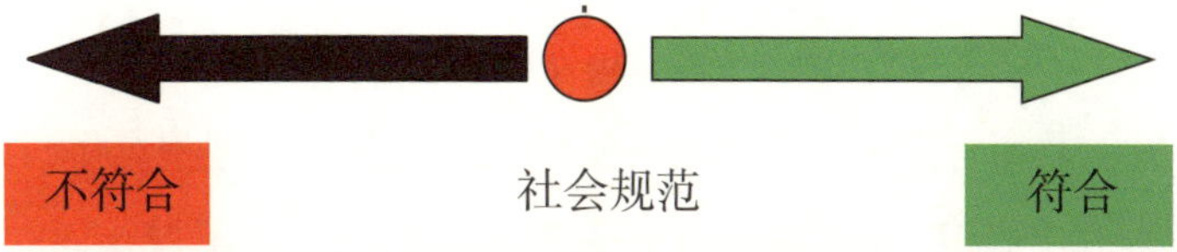

很多时候，我们可能无法控制自己的行为，但是，我们可以选择自己行为出现的地方和实施的对象。

情景故事

佳佳的一天

佳佳是一位 10 岁的女孩，读小学四年级。

早上 7 点闹钟响起时，佳佳便准时起床，穿衣、刷牙、洗脸、吃饭、背上书包等外婆送自己上学。上学的路上，她开心地牵着外婆的手，边走路边和外婆聊学校里的事情。走到路口时，外婆想闯红灯，她紧紧拉住外婆的手等待绿灯亮起后才通过了马路。

来到学校后，她向遇到的每位老师敬礼问好，也微笑着向遇到的同学打招呼。在课堂上，佳佳端端正正地坐好，按老师的要求把手背到身后认真听课。上午佳佳被老师提问了 5 次，她非常开心。每次提问到自己，佳佳都立即站起来声音洪亮地说出自己的答案。还有 3 次老师没有提问自己，佳佳感到有点失落，担心老师不喜欢自己了。

佳佳去卫生间时不小心碰掉了同桌小梅的课本和文具，她说了声“对不起”就跑开了。小梅在背后喊：“你给我捡起来！”大课间休息时，佳佳迅速跑到教室外和熟悉的同学玩游戏。她喊小梅一起玩，小梅没有理她，她觉得小梅有点“小心眼儿”。

下午，老师告诉大家学校要开运动会，佳佳开心地报名了自己擅长的 100 米跑。400 米跑没有人报名，佳佳虽然不擅长 400 米跑，但还是报了名，心想：“老师说过，重在参与。”

晚上回到家，佳佳先做作业，又帮外婆做了些家务，然后搭了会儿积木。临睡前，她在日记本中记录下了自己对父母的思念，随后便进入了梦乡。

实践操作

识别道德行为的类型

实践用具

沙盘，沙子，沙具，纸，笔，投影仪，翻页笔，相机，数据线。

情景体验

1. 分组以情景故事《佳佳的一天》为主题进行团体沙盘制作。

2. 小组讨论：佳佳一天的行为都有哪些内容，它们的道德行为类型是什么？小梅为什么不理佳佳了，她真的是“小心眼儿”吗？

3. 识别攻击行为和亲社会行为、道德意志行为和道德行为习惯。

4. 学习通过符合社会行为规范的行为来表达自己的需求。

总结升华

为自己的行为找个合适的“家”（符合规范的呈现方式）。

快乐分享

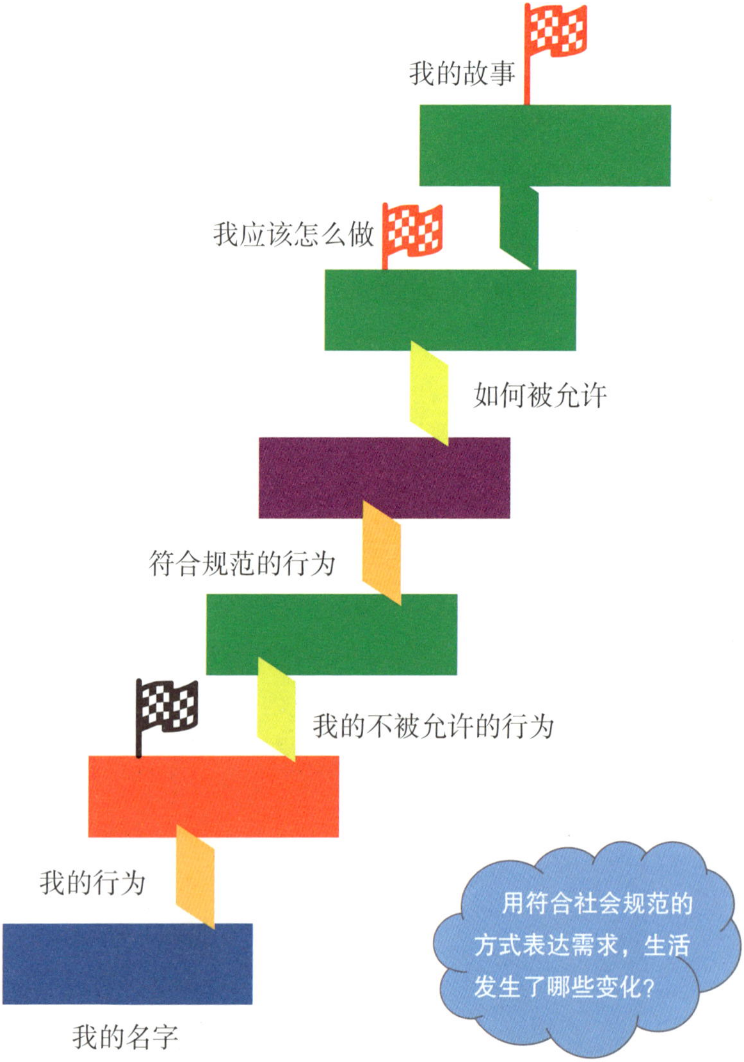
我的故事
我应该怎么做
如何被允许
符合规范的行为
我的不被允许的行为
我的行为
我的名字
用符合社会规范的
方式表达需求，生活
发生了哪些变化？

第五讲　儿童的亲社会行为

你是个会使用亲社会行为的孩子吗?

在公园摘一朵花送给妈妈是亲社会行为吗?

课程纲要

学习目标

1. 了解亲社会行为的特征及呈现方式。
2. 了解亲社会行为的具体体现，以及其带给自己的好处。
3. 学会识别他人的亲社会行为并进行模仿、学习。
4. 学会在生活中多使用亲社会行为。

学习重点

1. 学会识别亲社会行为。
2. 在情景中体验亲社会行为带来的好处，模仿、学习亲社会行为。
3. 主动做出更多的亲社会行为。

注意

1. 重点通过情景式课堂引导学生产生情绪体验。
2. 感受亲社会行为带来的好处。
3. 激发儿童主动做出亲社会行为的内在动力。
4. 不应该是被命令或被要求后才去做出亲社会行为。

课程内容

亲社会行为的特点

1. 高社会称许性，如帮助妈妈照顾邻居病重的独居奶奶。

亲社会行为是被社会或特定群体所认同并获得高评价的行为。帮助妈妈照顾邻居奶奶的行为是社会所弘扬和赞美的互助行为。

2. 社会互动性，如和同学们一起跳绳。

亲社会行为是在社会中与他人互动过程中的交往行为。和同学们一起跳绳的过程中，除了跳绳本身带给人愉悦感外，和同学们的互动交流也会令人产生更多的愉快情绪。

3. 自利性，如邀请同学一起玩耍。

人们发出亲社会行为的本意并非是要伤害自己，而是使自己也能从中获利。邀请同学一起玩耍往往是为了满足自己玩耍的需求。

4. 利他性和互惠性，如辅导同学功课。

做对他人有好处的事，常常也会给行动者自己带来好处。辅导同学功课时既可以帮助同学掌握知识，也可以使自己收获友谊，同时也能使自己的知识得到巩固。

在你的生活中，有哪些亲社会行为呢？

一、高社会称许性的表现

1. 在学校：尊敬师长，关爱同学，和同学友好相处，遵守纪律，热爱集体，积极参加集体活动，等等。

2. 在家中：孝顺父母，帮助父母分担家务，自己的事情自己做，尊老爱幼，热爱劳动，等等。

3. 在社会中：遵纪守法，热爱祖国，热心助人，讲文明，懂礼貌，等等。

情景故事

懂事的文文

文文是一位六年级的男孩，他和奶奶相依为命。

一年前，他的爸爸和妈妈在一场车祸中受了重伤，妈妈经过治疗后痊愈了，而爸爸却在出院一个月后永远地离开了他们。妈妈和奶奶都特别伤心，家中弥漫着悲伤的气氛。文文毅然承担起了照顾妈妈和奶奶的重担，每天都给她们做好饭后再去上学。几个月内，奶奶苍老了许多，并经常指责、埋怨同样处于悲伤中的文文妈妈。几个月后，妈妈终于无法面对文文奶奶的怨怼而远走他乡。文文和奶奶抱头痛哭了一天一夜，后来，他发誓要像男子汉一样撑起这个家。

如今，他每天都早早地起床做饭，然后自己去上学。放学回家后，他赶紧帮奶奶做家务，然后再挤时间做作业。

他的行为受到了奶奶、邻居、学校老师和同学们的高度称赞。

二、社会互动性的表现

1. 社会互动，也称社会交往、社会交互作用。

（1）可以使个人与他人或群体之间产生相互影响。

（2）亲社会行为在社会互动中使互动行为良性发展，互动双方关系更加融洽；攻击行为使互动行为恶性发展，使互动双方产生隔阂。

2. 示例：放学回家，妈妈让你写作业。

（1）良性互动。

良性互动的行为：立即答应并且马上去写，妈妈很开心，并表扬了你，你也很开心。

良性互动的结果：逐渐养成放学后先写作业的好习惯。你和妈妈关系更加融洽。

→ 你答应妈妈并且去写作业的行为，在你和妈妈的互动中起到了良性的作用，从而使妈妈很开心并且表扬了你；妈妈的开心及表扬使你也很开心，促使你养成放学后先写作业的习惯。

（2）不良互动。

不良互动的行为：你拖延时间不想写作业，妈妈很生气并批评了你，你也因此而不高兴。

不良互动的结果：以后放学回家，你更不想写作业。你和妈妈的关系变得恶劣。

→ 你的拖延是对妈妈的一种攻击行为，导致了妈妈的生气，进而导致了妈妈的攻击行为即批评了你，你因此而更加不想写作业，因而使情况进一步恶化。

明白其中的道理了吗？你通常采用哪一种互动方式？你的行为决定了事情的结果。

三、自利性的表现

自利性具有为自身谋求利益的功能性属性。自利和自私既有区别，又有联系。

1. 自利与自私的区别。

（1）自利的行为：通常是对自己有利，但不损害他人的行为。如放学后先做作业再玩，为使自己得到表扬而努力学习，为取得成功而努力学习和工作，和朋友在一起感到很快乐，让自己有尊严地活着，等等。

（2）自私的行为：常常会为了自己的利益而损害他人的利益，是损人利己的。如抢别人的钱，为了自己升职而打压别人，等等。

2. 自利与自私的联系。

（1）每个人都有自利性，但并非每个人都是自私的。

（2）自私的行为都有一个对自己有利的动机。

你做过什么对自己有利的事情吗？请写在横线上。

在学校中，我______________________________

____

在家庭中，我______________________________

____

四、利他性、互惠性的表现

1. 利他性、互惠性的特点：对他人有好处，对自己也有好处。

2. 利他性、互惠性的相关示例。

（1）自然界中共生的例子：

珊瑚和珊瑚虫；蚂蚁和真菌；蜜蜂和开花的植物。

（2）人类中物物交换的行为：

用自己的麦子交换别人的大米，用自己的糖交换别人的铅笔，用自己的小贴画交换别人的零食。

（3）人类中行为的互换：

你教我数学，我教你唱歌；你帮我打水，我帮你打扫卫生。

（4）人类中人和人的交换：

在部分比较落后的地区存在的一种所谓的“换亲”行为。

（5）人与动物的交换：

家中饲养的家畜，人类为它们提供食物，它们也为人类提供服务或是食物，如鸡提供鸡蛋，牛为人类干活，狗帮人类看门等。

（6）人类与自然之间的交换：

人们捡拾垃圾净化环境（人类的行为对环境有利），大自然给人类提供清新的空气（自然环境对人类有利）。

人类恶意破坏环境，会导致全球气候变暖、雾霾等对人类有害的自然现象。

你还能想到其他例子吗？把它写下来吧！

亲社会行为的具体表现

1. 感受他人的悲伤，并力图安慰、帮助他人，对他人的需要表现出敏感性和同情心。如：看到儿童哭时，给他糖进行安慰。

2. 与他人分享。如：将自己喜欢的书推荐给大家。

3. 遵守行为规范。如：玩游戏时遵守游戏规则。

4. 懂得谦让。如：孔融让梨。

5. 懂得关心。如：看到妈妈非常疲惫，因此主动关心并照顾她。

6. 懂得合作。如：大家共同完成一副沙盘作品。

7. 服从权威。如：遵守法律，听从老师、家长的教导。

但是，如果老师、家长的教导出现了错误，则应先礼貌地听取意见，并寻求适当的机会单独向他们指出。如：老师看到小红推搡小明，便不由分说地批评了小红。事实上，是因为小明先打了小红，小红出于反击才推了他。但此时上课铃响了，小红虽然很委屈，但仍坚持等到下课后才向老师陈述了事实。

8. 懂得承担责任、完成任务。如：每天认真做值日。

9. 乐于助人。如：同学忘记带文具，把自己的借给他使用。

10. 懂礼貌，尊重他人。如：见到老师主动敬礼、问好。

你还能想到其他的例子吗？

亲社会行为带来的收获

亲社会行为能够为我们带来许多收获，例如：友谊，快乐，陪伴，自身价值的体现，赞美，勇气，学业的进步，健康，更多的合作伙伴，更好的未来，更和谐的人际关系……

还有其他收获吗?

情景故事

悲伤的叶子

叶子是一名小学三年级的女生，因为爸爸的工作调动，她和妈妈也不得不离开了家乡。叶子转到了新的学校，她感到很不适应，也没有同学理她。下午大课间时，她只得一个人孤零零地坐在操场上。她想念从前的好朋友、老师，还想念从前学校里那棵漂亮的树，想着想着不禁流下了眼泪。

这一幕刚好被正在和同学们玩耍的苗苗看到了，她告诉同学自己有事离开一会儿，然后走到叶子身边并坐了下来：“你好，我们认识一下吧，我叫苗苗，你叫什么？”叶子非常吃惊，不好意思地擦了擦眼泪说：“你好，我叫叶子。”“叶子你好，你可以和我们一起玩吗？”叶子惊喜地笑了，用力点了点头。此时，叶子的悲伤消失了，幸福感油然而生。从此以后，她把苗苗当成了自己最好的朋友。

实践操作

实践用具

沙盘，沙子，沙具，纸，笔，投影仪，翻页笔，相机，数据线。

情景体验

1. 以情景故事《悲伤的叶子》为主题分组制作团体沙盘作品。

2. 小组内讨论并分享：每个成员的行为中哪些是亲社会行为，那些亲社会行为给自己带来了什么收获？

3. 班内集体分享亲社会行为能够带来的收获。

总结升华

1. 亲社会行为让人生充满快乐和希望。

2. 亲社会行为为生活带来更多的可能性。

3. 当自己的亲社会行为没能表达出来，或是被他人误解时，人们通常会感到十分沮丧。

4. 不但自己要学会使用亲社会行为，还要学会识别他人的亲社会行为。这会让我们感到快乐，并且对未来满怀憧憬。

快乐分享

1. 我的姓名。

如：我叫晓丽，大家都叫我丽丽。

2. 我选择了什么沙具。

如：我选择了一个水晶、一个美人鱼、一个观音。

3. 我的亲社会行为是什么。

如：我把美人鱼放进了海里，希望她不会被渴死。我把观音放在了孩子们中间，希望观音能够照看孩子们。我把水晶放在了山上，远远望去闪闪发光，让人感到很美丽、很开心。

4. 它带给了我什么。

如：水晶在山上很漂亮，大家都很喜欢，我也很开心。观音被孩子们包围着，孩子们健康快乐，我感到很开心。

5. 这让我想起生活中的一件什么事情。

如：去年我弟弟生病了。

那是在________________（时间）______________（地点）

____

____

____

____

__________________________________（发生了什么）

在横线上写下你的故事吧！

第六讲　儿童的攻击行为

你是个喜欢攻击别人的孩子吗？
你是个经常被别人攻击的孩子吗？

课程纲要

学习目标

1. 了解什么是攻击行为，以及攻击行为的分类。
2. 了解小学生攻击行为的特点。
3. 了解自己的攻击行为，学会减少自己的攻击行为。
4. 学会辨识他人的攻击行为，合理应对他人的攻击行为。

学习重点

1. 学会识别并应对他人的攻击行为。
2. 识别自己的攻击行为，并减少自己的攻击行为。

注意

1. 不是所有的“攻击行为”都是恶意的，有些是无意的。
2. 要学会原谅无意的攻击行为和善意的攻击行为。
3. 应对攻击行为时不应“以暴制暴”，而是应该通过智慧的方式解决问题。

想一想

思考题

阅读下列短文并回答问题。

早上起床后，文文因为没有休息好而感到很不开心，不巧妈妈又在拿自己和邻居小华比较，并批评文文学习不够努力。文文因此和妈妈发生了争吵，没有吃饭便去上学了。

刚进校门，文文便遇到了好朋友小刚，小刚主动上前来打招呼：“文文……”话音未落，文文便用力推了小刚一下，并说道：

“走开，我烦着呢！”小刚愣在原地，摸着被文文推疼的胸口，一脸悲伤不解地看着文文离开的背影……

如果你是小刚，你认为应该原谅文文吗？为什么？

课程内容

攻击行为

一、什么是攻击行为？

简单定义

对另一生命的身体或心理产生伤害的行为，即对他人带有敌视、会产生伤害或破坏的行为，包括身体、心理的伤害或言语攻击等。

案例讨论

回忆前文中的案例并思考：文文的行为对小刚造成伤害了吗？

（1）文文用力推了小刚一下：<u>对小刚的身体造成了伤害。</u>

（2）文文向小刚发脾气：<u>对小刚的心理造成了伤害。</u>

二、攻击行为的目的是什么性质的？

（1）恶意的：以故意伤害另一生命的身体或心理为目的。

（2）无意的：不以伤害对方为目的，却给对方造成了伤害。

案例讨论

回忆前文中的案例并思考：文文对小刚的行为的目的是什么性质的？

（1）文文推小刚的目的是伤害他吗？<u>不是。</u>

（2）文文向小刚发脾气的目的是伤害他吗？ 不是。

案例讨论

回忆前文中的案例并思考：文文为什么伤害小刚？

原因分析

（1）因为和妈妈吵架而心情不好。

（2）他想要自己静一静。

三、攻击行为的分类（巴斯的分类标准）

1. 身体的攻击行为分类：

（1）积极的—直接的，如冲撞、殴打；

（2）积极的—间接的，如设置陷阱；

（3）消极的—直接的，如静坐、示威、罢工；

（4）消极的—间接的，如拒绝做应该做的事。

2. 语言的攻击行为分类：

（1）积极的—直接的，如侮辱他人；

（2）积极的—间接的，如散布流言；

（3）消极的—直接的，如不回答别人的话；

（4）消极的—间接的，如他人受到不当的非难时，不肯为其辩护。

你在生活中经常使用哪些行为？

四、小学生攻击行为的特点

小学生的攻击行为通常具有下述特点：

（1）比幼儿时更熟练、友善地处理纠纷，因而攻击行为有所减少。

（2）侵犯身体的行为和其他形式的反社会行为较少。

（3）对直接的挑衅会实施更猛烈的还击，从而惩罚挑衅者。

如：有的男生喜欢拽女生的辫子，女生通常会给予男生更为猛烈的反抗，如打、踢等。

（4）能够更为准确地识别他人的恶意及险恶动机。

如：当关系恶劣的同学邀请自己放学后去校外聊天时，能够准确地判断出对方可能会对自己造成伤害，因此会拒绝邀请或是向他人求助，从而避免受到伤害。

对照自己生活中的行为，认真地想一想：

自己和同学们的攻击行为是否也具有这些特点呢？

（5）心理的攻击行为增多（低年级），如嘲笑他人，给同学取绰号等，一旦发生身体攻击则通常会很激烈，并且含有强烈的敌意。

（6）高攻击行为的儿童通常会误解他人意图。

如：经常喜欢骂人或嘲笑他人的学生，也容易将他人的语言误解为嘲笑或辱骂。

（7）容易出现欺负弱小的现象。

如：高年级学生欺负弱小的同伴或向低年级学生勒索钱物。

情景故事

自习课上的故事

五年级某班的自习课上，小明想和同桌小浩聊天，便用胳膊顶了小浩一下。小浩正在专心看书，没有理他。小明感到很无聊，也觉得没有面子，他使出一记“直勾拳”，只听“哗啦”一声，小浩的文具盒摔落到地上。小浩很生气，大声质问道：“你为什么把我的文具盒推下去？”小明嬉皮笑脸地说道：“掉下去就再捡起来呗。”小浩很生气，也把小明的文具盒扔了下去。这一幕刚好被班主任李老师看到了，她批评道：“小浩，你为什么扔同学的文具？”小明“恶人先告状”地说：“老师，他欺负我。”李老师很生气地对小浩说：“到后面站着去！”小浩知道现在辩解只会让李老师更加生气，只得委屈地去罚站了。

实践操作

实践用具

沙盘，沙子，沙具，纸，笔，投影仪，翻页笔，相机，数据线。

情景体验

根据上述情景故事，分小组制作沙盘游戏作品，并体验故事给自己带来的感受。然后，完成下列练习。

1. 识别情景中哪些属于攻击行为。

（1）小明想和小浩聊天。

（2）小明用胳膊顶小浩。

（3）小浩专心地看书，不理小明。

（4）小明使出“直勾拳”打向小浩的课桌。

（5）小浩大声质问小明。

（6）小明嬉皮笑脸地说：“掉下去就再捡起来呗”。

（7）小浩扔掉小明的文具盒。

（8）小明“恶人先告状”道：“老师，他欺负我。”

（9）小浩被罚站。

2. 讨论应该如何避免攻击行为。

（1）如果你是小浩，你会怎么做？

（2）如果你是小明，你会怎么做？

（3）老师这样做对吗？

（4）如果你自己遇到这种情况会怎么处理？

归纳总结

识别攻击行为的目的：

（1）减少或避免伤害。

避免自己无意识或没有敌意的“攻击行为”因被误会而引发真正的、有伤害性的攻击行为。

（2）合理应对攻击行为。

①自己不再使用攻击行为；

②提醒他人自己受到了伤害；

③发现自己的需要，使用亲社会行为进行合理的表达。

使用亲社会行为表达自己的需要，是一件很棒的事情！

为美好明天而行动

在以后的每一天里，
我将减少自己的攻击行为，
用亲社会行为，
表达我的需要和不满。
对待他人，
减少一份不友好的行为，
增加一份友好的行为。
在未来的日子里，
我将收获许许多多的意外惊喜，
让我的每一天都充满笑声，
拥有阳光灿烂的童年！

第七讲　校园欺凌

你知道“欺凌”吗？

你被“欺凌”过吗？

猜一猜：这两只鸟儿在做什么？

如果你是其中的一只鸟儿，

你希望是哪一只，

为什么？

一只鸟的头上有另一只鸟儿的喙，就像一个人的头上有另外一个人的手

课程纲要

学习目标

1. 了解校园欺凌的要素、特点及具体表现。
2. 了解校园欺凌事件中的几种角色。
3. 认识自己的欺凌行为，不做欺凌者和协助欺凌者。

学习重点

1. 识别自己和他人的道德行为是攻击行为还是亲社会行为。
2. 如果无意间产生了攻击行为，能使用亲社会行为进行弥补。
3. 避免成为欺凌者、受害者或协助欺凌者。
4. 在做好自我保护的同时能够成为保护者。

注意

1. 不鼓励与欺凌者盲目、莽撞地抗争。
2. 学会先保护好自己，不做无谓的牺牲。
3. 学会求助，机智地与欺凌者、协助欺凌者做斗争。

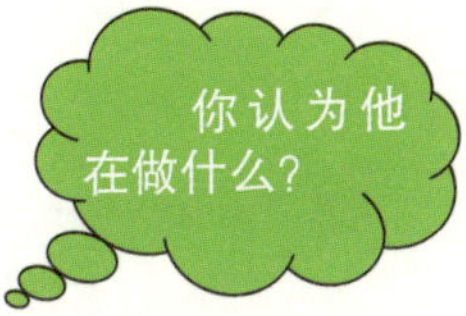

做好自己，避免被伤害

课程内容

校园欺凌的要素、特点及具体体现

据 Pepler、Rigby 等的研究表明：约 10%~20% 的儿童是攻击者，15%~30% 的儿童为重复受害者。大多数攻击者为男孩，也有部分女孩。

攻击行为和受欺负并非是完全对立的。约 1/3~1/2 的受害者同时也是攻击者，他们会挑起斗殴或者用关系攻击来实施报复，而这些被报复的攻击者会再次欺凌他们，从而形成一个受害者延续被欺负地位的循环。

1. 校园欺凌的要素。

（1）包括发生在同学之间，多发生在中小学生之间；

（2）包括欺负弱小、言语羞辱、敲诈勒索甚至殴打等攻击行为；

（3）包括具有“一对一”、“多对一”、多数对少数等暴力实施形式；

（4）实施地点通常为校园内及校园周边的僻静处。

2. 校园欺凌的特点。

（1）欺凌者通常不认为自己犯了错误；

（2）受害者往往因担心而不敢告发欺凌行为，只得默默承受；

（3）欺凌者与受害者的力量悬殊较大；

（4）受害者通常和老师、同学们的关系较为疏远。

3. 校园欺凌的具体表现。

你有过这些行为吗?

（1）言语欺凌，如侮骂、嘲笑、恶意中伤；

（2）暴力欺凌，如殴打、踩踏、推搡；

（3）社交欺凌，如团体排挤、孤立（人际关系对立）；

（4）网络欺凌，如通过微信、论坛、视频、电子邮件等散播谣言恶意中伤他人。

情景故事

风波

放学了，五年级某班里还有几个没有离开的同学，贾名便是其中之一，他收拾书包准备像往常一样独自回家。正在他收拾书包时，小明过来推了他一下，贾名的书包掉落在地。他刚想发火，但看到是经常欺负自己的小明，便只是瞪了一眼，然后默默地捡书包。小明看到贾名弯腰翘着屁股捡书包的样子，觉得很“有趣”，又上前一脚把他踢倒在地。贾名正要起身，小明的几个“铁哥们”小军、小刚、小浩跑了过来，每人踢了他一脚。小红看到这一幕，赶紧大喊一声：“住手！”小明几人闻声后便一溜烟地跑开了，只留贾名自己坐在地下，看着散落一地的书和文具，感受着满身的伤痛……刚刚在一旁围观的同学们有的走过来帮贾名捡起东西，有的默默走开了。

贾名好可怜，我可以为他做些什么吗?

故事解析：欺凌事件中的几种角色

1. 欺凌者（攻击者、欺负者），实施欺凌行为的一方，通常为一人实施或多人共同实施。

如：《风波》中的小明。

2. 被欺凌者（受害者），被欺负的一方。被欺凌的儿童往往体格较弱，不敢还手，且时常被同伴拒绝。

如：《风波》中的贾名。

3. 旁观者，置身事外、不帮助任何一方，但又在现场观看的人。

如：《风波》中围观贾名被欺凌而不采取行动的其他同学。

4. 协助欺凌者，直接参与欺凌行为或者是在一旁呐喊助威并嘲笑受害者的人。

如：《风波》中的小军、小刚、小浩。

5. 保护者，制止或是尝试制止欺凌行为，并安慰、支持、帮助受害者的人。

如：《风波》中的小红，以及其他帮助贾名捡拾书包、文具的同学。

需要特别注意的是：在被拒绝的儿童中，这些既是攻击者又是受害者的儿童是最受轻视的，他们处于严重的失调危险中。

减少被欺凌的办法包括：增强亲社会的态度和行为，并赢得同伴们的喜欢和接纳。

实践操作

实践用具

沙盘，沙子，沙具，纸，笔，投影仪，翻页笔，相机，数据线。

情景体验

根据情景故事《风波》分组制作团体沙盘：

1. 给作品取一个名字。
2. 讨论沙盘作品里各种人物的行为，分析他们都做了什么。
3. 在情景中深入体会、分享各种角色的感受，了解他人的真实想法，试想：如果自己是这一角色，会不会喜欢这种感受？
4. 讨论如何避免《风波》中情况的发生。

注意

1. 制作沙盘时，结合生活实际，思考自己在生活中的角色。
2. 深入体会角色感受，并且表达出来。

总结升华

1. 避免被欺凌的方法：经常使用友好行为等亲社会行为，结交更多的朋友，确保自己至少有一个朋友可以求助；不主动挑起事端，对他人的行为不抱有敌意；遇到社交等困难时，多从自身寻找原因，积极向他人寻求解决办法；使自己成为受欢迎的同伴接纳类型。

2. 做一名保护者：当遇到欺凌事件时在保证自己不受伤害的前提下提供力所能及的帮助。

3. 被欺凌者（受害者）要学会反抗：在条件允许的前提下勇于反击或向他人求助，尽可能减少自己受到的伤害，不要因为胆怯而助长欺凌者的气焰。

4. 不做协助欺凌者：为虎作伥的行为同欺凌者一样会给受害者造成伤害。

快乐分享

1. 如果你是《风波》中同学的角色，将会怎么做？将你的想法写在空白处。

如果你是受害者贾名：

如果你是欺凌者小明：

如果你是协助欺凌者小明的“铁哥们”：

如果你是保护者小红：

如果你是事后帮助贾名捡东西的同学：

如果你是事后默默走开的同学：

> 我们每个人手里都握着事情发展结果的方向盘！

2. 尝试从欺凌者和被欺凌者的角度进行体会、理解。

（1）欺凌者了解自己仅仅因为觉得“有趣”而给被害者造成的伤害，从而学会识别自己的攻击行为，减少攻击行为的发生。

（2）被欺凌者了解自己的不反抗是对欺凌者的纵容，从而意识到自己的“攻击行为”，增加自己的亲社会行为。

3. 重点。

重点关注保护者的情感体验以及受欺凌者被保护时的情感体验；鼓励学生在确保自身安全的前提下实施保护行为。

杜绝欺凌行为人人有责，欺凌者减少欺凌行为，被欺凌者增加反抗行为，保护者提供保护性因素，协助欺凌者减少助纣为虐的行为，让我们的生活更加和谐、美好！

第二篇　情商管理及问题解决

第八讲　识别和管理情绪

你和“情绪”谁是主人？

课程纲要

学习目标

1. 了解人的四种基本情绪，了解各种情绪的表情及动作特征。
2. 了解管理情绪的重要性。
3. 懂得自己的情绪会对他人的情绪产生影响。
4. 学会识别自己和他人的情绪，学会控制和管理情绪。

学习重点

1. 学会识别自己和他人的情绪。
2. 学会控制和管理情绪。
3. 尽量不在情绪冲动时做决定。

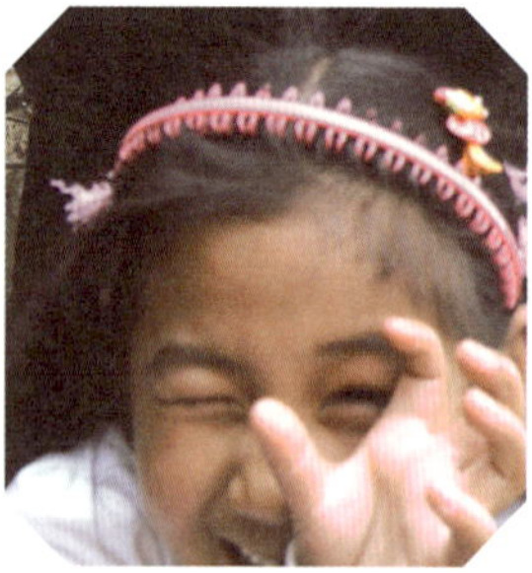

知识升华

好的情绪令自己拥有好心情，
好心情也会影响到周围人的心情，
好心情会使自己做的事情更加顺利，
做一个拥有好情绪的人吧！

课程内容

情
绪

一、人的四种基本情绪

1. 喜，如：高兴，快乐，兴奋。
2. 怒，如：生气，愤怒。
3. 哀，如：悲伤，悲痛，哀痛。
4. 惧，如：害怕，惊慌失措，惊恐。

二、四种基本情绪的特征及情绪管理

本小节的主要内容包括下述三个方面：

（1）基本情绪的表情及动作特征；

（2）基本情绪的优势和劣势；

（3）基本情绪的管理。

看到花开时喜悦，看到花落时忧愁，你可知花儿枯萎之后会有果实的诞生

1. 拥有喜这种情绪时的表情、动作特征及优劣势

（1）表情、动作特征。

①常见表情：眼睛放光、眯成一条缝，面露喜色，眉毛上扬，嘴角上翘，等等。

②常见动作：手舞足蹈，奔跑，与他人分享，大声说话，前仰后合，等等。

常见的形容“喜”的词语有：眉开眼笑，眉飞色舞，喜上眉梢，捧腹大笑，手舞足蹈，前仰后合，开怀大笑，笑容可掬，喜笑颜开，谈笑风生，满心欢喜，喜出望外，心花怒放，欢天喜地，等等。

（2）优势和劣势。

①优势：愿意分享，对别人宽容、不计较，能带给他人快乐，做事的积极性及效率均较高，等等。

②劣势：容易同意一些平时不会同意的不合理要求，违反自己的原则，导致事后后悔；也可能会因太过张扬而引起他人的嫉妒，或因动作过于夸张而酿成悲剧，等等。

（3）注意事项。

①自己拥有喜这种情绪时做到：不过于张扬，做事踏实、认真，坚持原则。

②他人拥有喜这种情绪时做到：不妒忌，不趁机提过分的要求。

你曾“乐极生悲”过吗？你曾在他人高兴时趁机提出过分要求吗？

2. 拥有怒这种情绪时的表情、动作特征及优劣势。

（1）表情、动作特征。

①常见表情：眼睛充血、睁圆，面部紧绷、涨红，嘴唇紧闭，眉头紧皱，头发竖立，等等。

②常见动作：攥拳，大声叫嚷，全身发紧，呼吸急促，挥舞胳膊，上蹿下跳，伸长脖子，咬紧牙关，踢腿，奔跑，等等。

常见的形容“怒”的词语有：怒发冲冠，横眉怒目，疾言怒色，怒火冲天，怒目而视，怒目切齿，咬牙切齿，怒气填胸，等等。

（2）优势和劣势。

①优势：可以使人更有力量、有行动力、容易做决定。

②劣势：容易使人变得莽撞、有破坏力，容易因冲动而犯错，可能会破坏人际关系，容易造成肢体或言语冲突及不可挽回的后果，等等。

（3）注意事项。

①自己在生气时：尽量不要做决定，不要动用武力解决问题，尽量避免言语冲突，通过恰当的方式宣泄情绪，远离激惹环境。

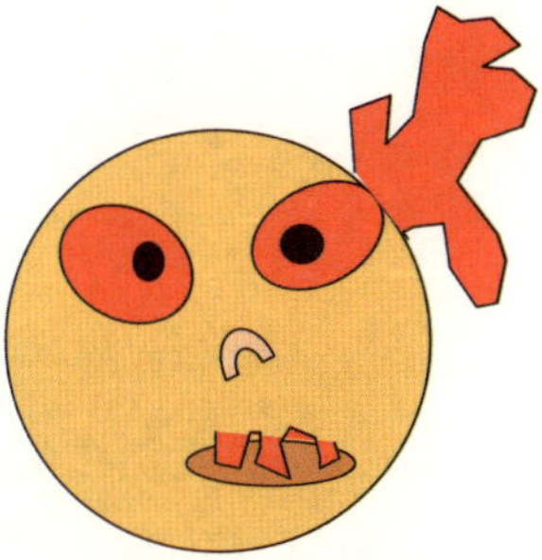

②他人在生气时：尽量避免与其直接接触或尝试进行情绪疏导，不使用挑衅的语言，不轻信此时说出的“气话”。

3. 拥有哀这种情绪时的表情、动作特征及优劣势

（1）表情、动作特征。

①常见表情：眼睛无神、红肿、充满泪水，眼皮下垂，面露凄色，肌肉松弛，眉毛低垂，等等。

②常见动作：哭天抢地，捶胸顿足，哀号，叹气，摇头，低头垂眼，身体仿佛随时会瘫倒的样子，等等。

常见的形容“哀”的词语有：心如刀割，痛不欲生，痛心疾首，黯然伤神，愁眉锁眼，肝肠寸断，呼天抢地，撕心裂肺，万念俱灰，顿足捶胸，肝胆欲碎，哀天叫地，垂头丧气，等等。

（2）优势和劣势。

①优势：可以宣泄负面情绪，不会使负面情绪郁积，容易使他人产生同情心从而获得帮助，容易得到他人的呵护，等等。

②劣势：消极，不主动寻求解决事情的办法，容易对他人的帮助产生依赖，容易使他人感到厌烦，可能会招致更严重的伤害，等等。

（3）注意事项。

①自己拥有哀这种情绪时：寻求他人的陪伴，适当倾诉并宣泄情绪，回想生活中有意义的事情，尝试以积极的态度对待生活。

②他人拥有哀这种情绪时：给予陪伴和安慰，不过多打扰，帮助其营造良好的环境氛围，引导其保持积极的生活态度。

你通常是怎么做的，你还有其他的好办法吗？

4. 拥有惧这种情绪时的表情、动作特征及优劣势

（1）表情、动作特征。

①常见表情：眼睛圆睁，脸色发白或发青，嘴巴张大，惊呆，等等。

②常见动作：浑身发抖，快速逃跑，说话时声音颤抖，全身缩在一起，东张西望，瘫倒在地，浑身无力，等等。

常见的形容“惧”的词语有：胆战心惊，心惊肉跳，闻风丧胆，惊慌失措，魂飞魄散，恐慌，目瞪口呆，惶恐不安，提心吊胆，魂不附体，惊魂未定，大惊失色，六神无主，等等。

（2）优势和劣势。

①优势：适当的恐惧可以使人处事更加谨慎，多观察、多思考，从而避免出现错误或受到伤害，有一定的警醒和保护作用，等等。

②劣势：过分的恐惧可能会使人受到身心伤害，做事容易畏首畏尾、停滞不前，变得胆小、不敢于尝试，等等。

（3）注意事项。

①自己恐惧时：先停止正在做的事情，离开应激环境，尽可能保持冷静，向朋友或是有力量的人请求帮助。

②他人恐惧时：尽可能给他人陪伴和鼓励，提供力所能及的帮助，在自己力量达不到时不要逞能，并且接受自己能力有限的事实。

情景故事

会“变脸”的豆豆

豆豆是一名二年级的男生，这学期，他跟随父母回到农村老家生活并转学来到了现在这所小学。新学校的环境不如城市的小学好，老师和同学们对豆豆而言也都十分陌生，因此他很不开心，每天早上都不想起床去上学。这不，已经是早上七点半了，豆豆还没有起床。

“豆豆，快起床上学去了。”妈妈温柔地说道。

“不去，我不上学了。”豆豆说完，继续蒙头大睡。

妈妈还有许多事情要做，看到豆豆耍赖十分生气，掀起被子，“啪啪”打了他两下，豆豆“哇”的一声就哭了，无奈之下，只得起床去上学。

走在上学路上，妈妈安慰豆豆道：“别不高兴了，妈妈打你是不对的，但你也不应该耍赖不上学呀！妈妈知道你在这里没有朋友，和老师也不熟悉，所以不想上学。我帮你想了一个办法，你不是带回来许多书吗，周末约几个同学来家里看书吧，这样你很快就有朋友了。”豆豆听后眼睛一亮，说道：“真的吗？谢谢妈妈！”然后开心地笑了起来。“你这孩子，一会儿哭一会儿笑，真拿你没办法！”妈妈笑着说。

小问题：

（1）故事中豆豆有几种情绪？

（2）在各种情绪下豆豆做了哪些行为？

（3）这些行为中，哪些是有益于事件发展的亲社会行为？

实践操作

你和情绪，谁是主人？

实践用具

沙盘，沙子，沙具，笔，投影仪，翻页笔，相机，数据线。

情景体验

1. 分小组制作团体沙盘，结合《会“变脸”的豆豆》讨论自己平时使用最多的情绪是什么，以及产生的后果，自己是否喜欢这种情绪。

2. 班级分享：情绪对他人及生活有何影响，如何合理宣泄负面情绪，并多使用含有“喜”这种基本情绪的情绪。

注意

1. 情绪背后一般都有一定的原因，所以首先要接纳这份情绪。

2. 无论是哪一种情绪都有优势和劣势，都会在一定程度上对我们起到保护作用。

一起读

我是躯体和灵魂的主人

我是一个小孩，有时哭有时笑，有时还会发疯和尖叫。
就像那广袤的天空，有时晴朗，有时乌云密布；
就像那汪洋的大海，有时平静，有时波涛翻滚；
就像那历史的年轮，春夏秋冬，交替更迭……
但是我知道，无论情绪如何变换，我都是它的主人，
它休想无休无止地，霸占我的躯体和灵魂！

我才是自己躯体和灵魂的主人

快乐分享

1. 我最喜欢的沙具：

如：我最喜欢的沙具是一对母子。

2. 我平时拥有最多的情绪：

如："喜"这种情绪。

3. 我喜欢这个沙具的原因：

如：看到这对母子让我想起妈妈每次出差回来陪我聊天的情景，有时还会给我带一些零食、玩具和衣服。这时候我非常开心，妈妈也特别开心。她在外地工作时很安心，并且能帮我实现一些小心愿。我以后在生活中会多使用"喜"这种情绪，这会使我的生活越来越好。

你选择了什么沙具？平时拥有最多的情绪是什么？你的故事是什么？让我们一起来听一听！

第九讲　面对应激事件的反应

你是个智慧的孩子吗？

课程纲要

学习目标

1. 了解什么是应激，了解面对应激事件的反应。

2. 了解在应激事件中的情绪，学会识别欺凌事件中自己及他人的情绪。

3. 学会智慧地面对欺凌事件。

4. 避免欺凌事件的进一步扩大，避免继续造成伤害。

学习重点

1. 了解情景中情绪的不可控制性，明白冲动可能会导致事件恶化。

2. 学会智慧地面对欺凌等应激事件。

升华

欺凌事件是应激事件，许多重大事情也都属于应激事件。

生活中的应激事件有很多，应该学会面对并且勇敢地从应激事件的阴影中走出来。

课程内容

应激

一、应激的定义

应激是指个体身心感受到威胁时的一种紧张状态，也称压力、紧张等。

二、应激的构成

1. 应激源：造成紧张的刺激物。应激源可分为三类：

（1）外部物质环境，如蛇、老虎、雷鸣、闪电、酷暑、噪声等。

（2）心理社会环境，如意外事故、搬家、转学、换老师、父母离异、亲人去世、结婚、考试等。

（3）个体的内在环境，如营养缺乏、过度刺激、被剥夺感等。

2. 应激本身：紧张状态。

3. 应激反应：对应激源产生的心理和生理反应。如看到老虎时脸色发白、目瞪口呆、浑身僵硬、内心极度害怕。

三、应激的阶段

1. 警觉阶段：

心跳加快，体温降低，肌肉僵硬，休克，注意力高度集中，视力范围变窄（如看到蛇的一刹那，目不转睛地仅仅盯着蛇）。

2. 阻抗阶段：

警觉症状消失，身体动员各个保护系统对抗应激源，消耗全身大量能量。如想办法逃避或是对抗，使用木棍反击或是倒退、逃跑。

3. 衰竭阶段：

机体能量消耗殆尽，机体处于危机状态，严重者可导致重病或死亡。

案例分析：应激要素及各个阶段

吓死的鸡

2017年11月11日，网上一则名为《“搞破坏”猫头鹰！384只鸡惨遭“团灭”，竟然是被它吓死的！》的视频引起网友关注，一天内的跟帖数量达五万余条。视频中讲述了兰州市一处鸡舍的384只鸡突然死亡，据饲养员介绍称：“猫头鹰在鸡舍内乱飞，大部分鸡应该是被吓死的。”人们最终在鸡舍的角落里发现了“杀鸡凶手”——一只“一脸无辜”的猫头鹰。

无独有偶，2014年，在安徽省泾县的一家鸡舍内，一只猫头鹰夜里闯进鸡棚并在鸡棚内乱飞，引起了鸡群的惊恐及相互踩踏，一夜之间5000余只鸡被吓死。

此类新闻报道屡见不鲜，说明过度惊吓的确可以给生物造成严重伤害，甚至死亡。

鸡群的应激要素及各应激阶段分析如下：

（1）应激源：猫头鹰。鸡面对猫头鹰时毫无招架之力。

（2）应激反应：没有目标方向地逃跑、乱飞。

（3）应激本身：紧张、害怕、恐慌。

（4）警觉阶段：有不明生物飞进鸡舍引起鸡群的警觉关注，当看到是猫头鹰，它们立即产生紧张、害怕的应激生理反应及心理反应。

（5）阻抗阶段：四处乱飞、乱跑。

（6）衰竭阶段：乱跑、乱飞至体力耗尽而死亡。

四、面对重大应激事件的反应

在自然界中生存的动物及人类，会面临许多能够对生命产生威胁的重大应激事件，此时的反应通常会是什么呢，会如何去应对呢？

1. 逃跑：如立即迅速逃跑，断肢求生，释放障碍物后逃生，等等。

擅长逃跑求生的动物如：兔子、羚羊、长颈鹿、黄鼠狼、壁虎、章鱼等。

此类动物的共同特点包括：擅长奔跑，抵御攻击的能力较弱。

逃跑失败的后果通常为：被捕捉、攻击而导致伤亡。

2. 战斗：如防御对抗，用自己的“杀伤武器”发起攻击，等等。

擅长战斗的动物如：刺猬、狮子、公牛、豹子、野猪、蜜蜂、蛇等。

此类动物的常见特点包括：有坚硬的外壳，或体型较大，战斗力相对较强，有特殊的“杀伤武器”。

战斗失败的后果通常为：两败俱伤，或被攻击致死，等等。

3. 伪装：装死，变色，变形，等等。

擅长伪装的动物如：南美负鼠、叩头虫、狐狸、变色龙等。

此类动物的常见特色包括：体型与天敌相差较大，抵御攻击的能力较弱，有独特的伪装能力。

伪装被识破的后果通常为：被攻击而导致伤亡。

科普小知识：据说鸵鸟遇到危险时会把自己的头埋进沙子里，

因看不见危险而不再感到害怕，这是真的吗？当然不是。鸵鸟把脖子平贴地面并把身体蜷成一团，是为了将自己暗黑色的羽毛伪装成石头或是灌木丛，从而避免被天敌发现，并能够借助大地传声来听到远处的声音、及时躲避危险，同时，还可以起到放松颈部肌肉的作用。一旦发现自己的伪装被识破，则鸵鸟会站起身来飞奔逃跑。

五、人类面对老虎（应激事件）时的常见应激反应

1. 普通人：恐慌，逃跑，呆立不动。

普通人会因为担心被攻击而感到十分恐惧，可能会快速逃跑，或者因过度恐慌而呆立不动。

普通人的特点：体型较小，抵御攻击的能力较弱。

普通人面对老虎的常见后果：被老虎攻击致伤亡或侥幸逃生。

比较：普通人类和其他动物遇到老虎时，有什么不同之处？

2. 猎人：对抗，战斗。

由于猎人十分警觉且头脑灵活，因此在面对老虎时会感到兴奋，并能快速调动捕猎经验，备好猎枪，准备与老虎战斗。

猎人的特点：个人身体素质较好，具有比较丰富的捕猎经验，备有猎枪。

猎人面对老虎的常见结果：猎杀老虎，猎杀失败，或被老虎攻击致伤亡。

比较：猎人和普通人遇到老虎时，有什么不同之处？

3. 驯兽师：驯服，为己所用。

由于驯兽师具备驯兽经验，因此在面对老虎时会感到警觉、兴奋，他们可以尝试通过语言、食物等驯兽技术驯服老虎。

驯兽师的特点：具备一定的驯兽技能及驯兽经验，备有驯兽工具。

驯兽师面对老虎的结果：驯服老虎，或被老虎攻击致伤亡。

比较：驯兽师和猎人遇到老虎时，有什么不同？

想一想

1. 面对老虎时，你希望自己做哪一种人？普通人，猎人，还是驯兽师？

2. 怎么样才能够成为那样的人？需要做些什么？

（例如：学习知识让自己智慧，锻炼身体让自己强壮，学习技能让自己更有能力。）

六、人类与动物面对应激事件时的不同之处

1. 动物：生物体的自然反应＋情绪＋少量生存智慧。

2. 人类：生物体的自然反应＋情绪＋更多的应对智慧＋所掌握的技能及工具。

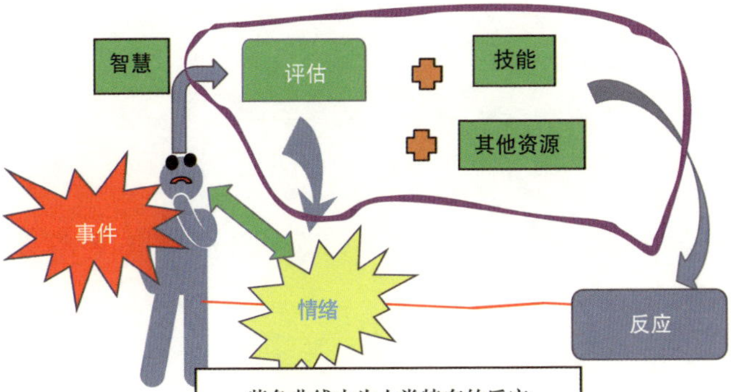

紫色曲线内为人类特有的反应

情景故事

小明和大黄

小明是一名四年级的男生，他有一只宠物狗叫大黄。有一次，小明带大黄去逛街，遭到了几名社会青年的勒索。小明拼命反抗，大黄也对几个社会青年又叫又咬，小明最终得以脱险。后来，小明另一次带大黄逛街时又遇到几个陌生人上前拦住他们。小明很紧张，并做好了逃跑准备，大黄也狂吠不止。但是和陌生人交谈之后，小明才知道他们原来是自己的远房亲戚，随后，便不再感到紧张了。而大黄此时却仍在一旁警觉地叫个不停。

通过这个实例，我们可以看到，面对相同的场景，小明可以通过评估后改变反应，大黄却不会。小明同陌生人的交谈便是一种评估过程，他运用大脑对信息进行加工、判断，并做出相应的反应。

情景故事

“厕所门”事件

十岁的小乐是北京某小学四年级的学生。有一次，小乐下课后去卫生间时，听到隔壁的小明喊道：“小乐，我要踢你的屁股！”小乐也不甘示弱：“小明，看我不踢你！”小明听后很生气，准备报复一下小乐。正当小乐准备离开时，一个垃圾筐被从隔壁墙上丢下来，正好落在他的头上，他吓得呆立在原地。肮脏的垃圾从小乐头上淋了下来。这一幕刚好被小明和小军看到，两个人大笑着跑掉了。而小乐蹲在地上伤心地哭了起来。小明没有想到会扔得这么“准”，既感到有趣又担心小乐会报复自己，赶紧跑开了。

具体分析三个人的应激要素：

1. 小乐的应激要素分析：

应激源：（1）被小明挑衅；（2）被肮脏的垃圾筐砸到头；（3）被嘲笑。

应激本身：（1）激动、兴奋；（2）害怕、紧张；（3）生气、害怕、尴尬。

应激反应：（1）回骂小明；（2）被吓到，呆立在原地；（3）蹲下伤心地哭。

2. 小明的应激要素：

应激源：（1）被小乐回骂；（2）看到垃圾筐扣在小乐头上；（3）看到小乐在伤心地哭。

应激本身：（1）生气、想报复；（2）很开心，感到有趣；（3）担心。

应激反应：（1）扔垃圾筐；（2）大笑；（3）跑开。

3. 小军的应激要素分析：

应激源：看到垃圾筐在小乐的头上，肮脏的垃圾从他的头上淋下。

应激本身：开心，觉得有趣。

应激反应：大笑着跑开。

想一想：

1. 情景中哪些应激反应是攻击行为？在后面打“√”。

（1）小明骂小乐；

（2）小乐回骂小明；

（3）小明向小乐扔垃圾筐；

（4）小乐被吓得呆立在原地；

（5）小乐蹲下哭起来；

（6）小明和小军大笑；

（7）小明和小军跑开。

2. 如何避免这一攻击事件的发生呢？

当应激事件发生，小乐接收到小明挑衅这一攻击行为的应激源时，如果小乐换一种表达方式，是否可以改变结果？

你认为小乐怎么回应最好？小明听到小乐的回答后会怎么回应？请将你的答案写下来。例如：

（1）小乐，我很生气！

（2）小乐，你为什么骂我？

（3）小乐，我不想听到你这样说话！

实践操作

结合情景体验应激反应

实践用具

沙盘，沙子，沙具，纸，笔，投影仪，翻页笔，相机，数据线。

情景体验

1. 分小组以《“厕所门”事件》为情景制作团体沙盘作品，并讨论每个角色的行为。

2. 体会一下小乐是怎么应对应激事件的？如果你是小乐，会怎样应对这一突然事件？小明、小军的行为反应是友好行为还是不友好行为？体会他们的情绪感受并分析：这样的情绪感受是否是他们想要的？

3. 团体共同探讨怎样做才可以改变后来的结果？

总结升华

己所不欲，勿施于人；不开无法控制和承担后果的玩笑。

快乐分享

送出与回报

送出一个笑容，换来一句问候，甚至是欣赏的称赞；

送出一个不好的玩笑，换来一句咆哮，甚至是打闹；

送出一份热情帮助，换来一份友谊，甚至是一生的朋友。

从今天开始，我将从最小的友好行为做起，点点滴滴，

不去追求你的回报，只为我每天都会变得比昨天更好。

第十讲 攻击事件及化解方法一：外化情绪

面对攻击行为，你能识别自己当下的情绪吗?

敞开心胸，外面的世界是多么宽广

课程纲要

学习目标

1. 了解攻击事件产生的原因，以及攻击事件的激化及扩大过程。

2. 了解攻击事件中情绪的变化过程。

3. 学会化解导致攻击事件的情绪的办法。

学习重点

1. 学会化解导致攻击事件的情绪的办法。

2. 心态要端正,行为要适度。

注意

1. 切忌死记硬背，重在感受理解。

2. 明白过程，理解道理。

3. 将所学的知识、技巧应用到生活中去。

你准备好做一个“维和小卫士”了吗？
要先从自身做起哟！

课程内容

一、攻击事件产生的过程

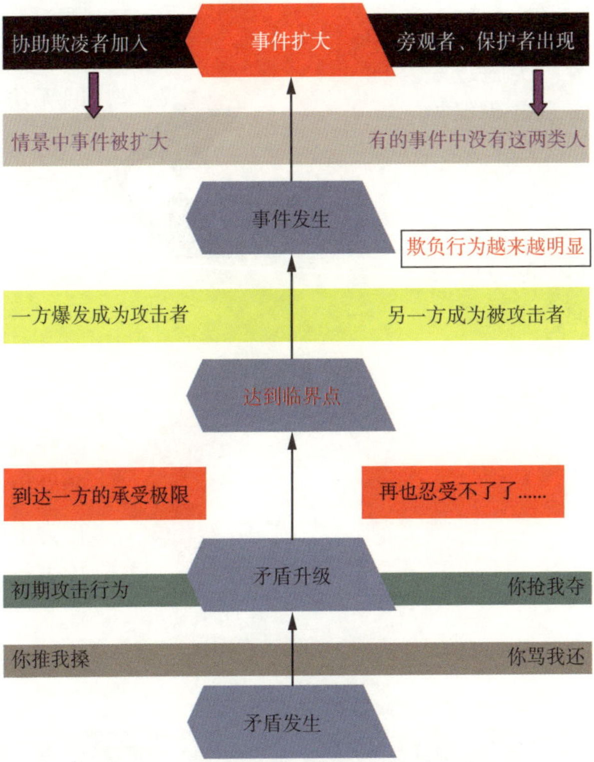

攻击事件产生的原因 ⇨ 日常摩擦，钱财纠纷，情感纠葛，偏激心理，等等

> 勿以恶小而为之。
> ——《三国志·蜀书·先主传》

二、攻击事件中情绪及行为的变化过程

因感到极度羞愧、气恼、怨恨、委屈、情绪近乎失控、丧失理智而实施进一步的本能伤害及自我保护

因无法摆脱他人的攻击，无处倾诉等原因而气急败坏、恼羞成怒

因感到自己吃亏或被误解等而产生烦躁、羞愤、自责、害怕、恼怒、厌恶、委屈、伤心等情绪

以开玩笑为目的发出语言或行为上的轻微攻击行为

冰冻三尺非一日之寒。

三、化解导致攻击事件的情绪

1. “正”：

（1）心术要正，不存害人之心；态度须端正；

（2）和他人交往的过程中，不要一味考虑个人利益，不要太看重个人得失。

2. “度”：

（1）与他人开玩笑时把握好尺度，懂得适可而止；

（2）当他人明确表示自己难以承受或是被触及底线时，须停止开玩笑的行为。

3. 及时化解矛盾：

出现矛盾或不快时，及时通过解释、道歉等补救措施来解决问题，不积累矛盾。

知错就改仍是好同志。

情景故事

小桃红的故事

小桃红是一名初中一年级的女生，由于她看起来胖胖的、有点呆，经常有同学欺负她，小桃红也经常为此哭泣。

有一个周一的早上，小桃红像往常一样去上学。小雅来收数学作业时，小桃红因为许多题目不会做、担心老师批评而不想交。小雅不由分说地抢走了她的作业本，“呀，你又没有做完！这么简单的题都不会，真笨！”小雅翻开小桃红的作业本无情地嘲弄道。其他几个同学看到了这一幕，也大笑着对小桃红指指点点：“就是，怎么这么笨呢！”“还这么肥，都吃成猪了。”“这么笨的人还有脸来上学。”小桃红本来正因为没有做完作业而内疚，同学们的嘲笑更像一把把刀子扎在她的心上，于是，她趴在课桌上哭了起来。

这时，上课铃响了，数学老师走了进来。他拿起放在讲台上的作业翻看起来，刚巧翻开的是放在最上面的小桃红的作业。“桃红，这道题目昨天上课我不是刚讲了吗，怎么没有做？！”说着，数学老师把作业本扔到了地上，并说道：“到后面的角落站着去，想明白后到办公室找我。上课！”小桃红拣起被扔在地上的作业本，躲到教室的角落里，她感到心灰意冷，无声地哭了起来。

人物行为分析：

老师行为：扔掉小桃红的作业本，当众辱骂，罚站。

小雅行为：抢作业，并且带头嘲笑小桃红。

其他同学行为：嘲笑，辱骂，起哄。

实践操作

结合情景体验攻击事件中的情绪

实践用具

沙盘，沙子，沙具，纸，笔，投影仪，翻页笔，相机，数据线。

情景体验

1. 分组进行以情景故事《小桃红的故事》为主题制作团体沙盘，并在小组内展开讨论。

2. 体会自己的情绪感受，思考：自己是否想要这种情绪，是否有办法改变这种遭遇？

3. 开展团体讨论，总结可以解决问题的办法。

总结升华

1. 被攻击者主动表达情绪感受，从而进行宣泄及求助。
2. 每个人都减少攻击行为。
3. 增加亲社会行为。
4. 不让一个孩子生活在阴霾下。

快乐分享

1. 选择一个沙具来代表你的情绪。

如：我选择一只鸟代表我的情绪。

2. 说出这种情绪。

如：我的情绪是伤心、悲伤、生气。

3. 描述这个沙具的特征。

如：这只鸟很孤独、脚上还拴着铁链，看起来有点绝望。

4. 说明这个沙具是如何代表你的情绪的。

如：它笔直地站着，好像很倔强，但它一动不动，好像又很绝望。

5. 说出希望这个沙具如何进行改变。

如：我希望能打开它脚上的铁链，使它自由飞翔，并最终能够停落在树上。

6. 清楚地描述自己的情绪后，你有什么感受？

如：我感觉描述出自己的情绪后，伤心少了一些，同时我找到了解决问题的办法。我感觉自己快乐起来了。

四、如何解决问题

1. 认清现状：

认识到消极的方式（如哭、发脾气、不上学、不理同学、不学某一门课、不理老师等）无法解决问题，一个人无法对抗多人的“欺负”，等等。

2. 改变现状：

寻找积极的方式解决问题，如努力学习提高成绩，让老师更加喜欢自己；让自己变得更加大度，不过分在意同学们没有恶意的嘲笑，相信同学们只是在开玩笑而已；每天多运动，少吃不健康的食品，努力减肥，改变自己的形象。

3. 使用更多亲社会行为：

（1）更积极、主动地和同学交往，处理好和同学们的关系。

（2）当其他同学有求于自己时，积极给予帮助；对于遭遇不幸的同学，应积极给予同情、支持和帮助。

4. 问题得到解决，处境好转，拥有更加美好的人生：

人缘变好，考上好的高中，考上满意的大学，找到理想的工作。

结局很美好，过程很艰辛

第十一讲　化解攻击事件的方法二：评估行为

课程纲要

学习目标

1. 了解攻击行为的性质分类，学会识别攻击行为的性质。
2. 了解应对攻击行为的方式，学会如何评估各类行为。

情景体验

1. 在情景中体会攻击行为，并识别攻击行为的性质。
2. 学会在生活中评估各类行为。

注意

1. 在情景体验中对各类行为的性质进行判断，了解所采取的处理方式与日常生活中的普通行为的不同之处。
2. 环境因素会对行为产生影响，进行评估时不可一概而论。
3. 环境因素也是评估行为时需考量的一个方面。

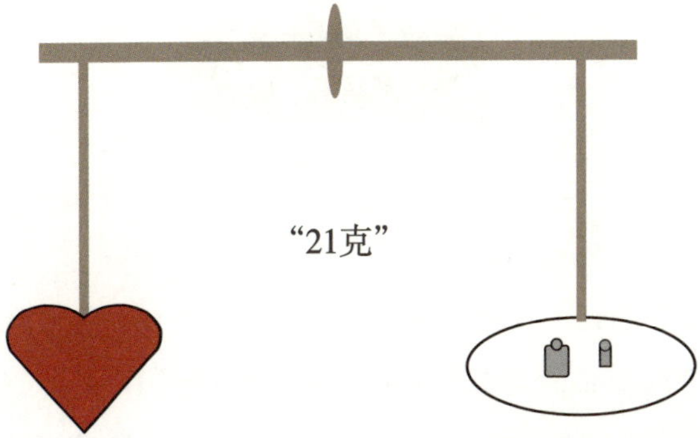

你的心灵是好的还是坏的?

课程内容

从三个方面评估攻击行为

一、意图评估

1. 恶意型：以伤害他人或是故意给他人造成痛苦为目的的行为。如：恶意打骂他人，排挤他人，抢劫，故意破坏他人财物，等等。

2. 善意型：不以伤害为目的而是出于为对方利益考虑而做出的行为，但这种行为又使对方感到不舒服或受到了伤害。如：善意的谎言，出于教育目的而体罚孩子，等等。

3. 无意型：因受到刺激而产生的反射性动作，且会在一定程度上给他人造成伤害的行为。如：摔倒时本能地抓紧并扯破旁边人的衣服。

情景故事

毛躁的小明

小明是一名六年级的学生。一天早上，他上学起晚了，跑到学校时刚好遇到了查勤的数学老师，因此受到了老师严厉的批评。小明跑进教室时，与着急去厕所的小雅撞到了一起，小雅被撞倒在地。小明自己也险些摔倒，此时他出于本能地伸手乱抓，正好抓到了路过的小军，只听“哧啦”一声，小军的衣服被小明抓破了。小雅很生气，爬起来狠狠地踢了小明两下。小军也很生气，但看到小明被小雅踢便高兴得手舞足蹈起来。而小浩这时候也过来“趁火打劫”地捡起从小明书包里滑落的零钱并塞进了小刚的课桌里。

从意图角度对故事中的行为进行分析：

（1）恶意型：小浩捡起小明书包里滑落的零钱塞进小刚的课桌里。

（2）善意型：查勤的数学老师严厉批评了迟到的小明。

（3）无意型：小明要摔倒时本能地抓破了小军的衣服。

二、紧急程度评估

1. 立即应对型。

2. 稍后应对型。

示例：

（1）小明在上学的路上看到几个高年级学生正在欺负一个低年级的学生。

他应该如何应对？事情的紧急程度如何？

（2）小明和小刚下课打闹，不小心撞伤了小刚的鼻子。

他应该如何应对？事情的紧急程度如何？

三、环境因素评估

1. 常规环境状态下的行为。

2. 应激环境状态下的行为。

示例：

（1）睿睿的妈妈和爸爸在家里吵架，她很心烦地躲了出来。她在马路上溜达时，突然，一个小孩子从一旁跑过，险些将她撞倒。她立即大声呵斥道：“谁家的孩子，这么没教养！”

（2）睿睿像往常一样吃完早饭后去上学，她边走边思考问题，突然，从她旁边跑过两个打闹的小孩子，把她吓了一跳。她停下来看了看，摇了摇头，自己小声嘟囔道：“这些小屁孩，就是调皮。”

以上两种情况，哪一种属于常规环境状态？

我们是否可以仅通过应激环境状态下的行为表现来对一个人进行评价？

课程练习

练习1：评估攻击行为的意图

想一想，下面的攻击行为是什么意图的？在对应的框中画“√”。

序号	攻击行为	善意的	恶意的	无意的
1	向比自己弱小的人索要钱财		√	
2	背后说同学的坏话		√	
3	家人向爷爷隐瞒他得了癌症的事实	√		
4	因刹车失灵而撞倒了路人			√
5	骑车碾压故意他人掉落的书包			
6	因孩子沉迷网络耽误学习而严厉批评他			
7	拍同学肩膀打招呼时弄疼了对方			
8	因不喜欢数学老师而上课捣乱			
9	因看不惯某位同学而召集人打他			
10	嫉妒同学的书包漂亮而故意洒上脏水			
11	偷妈妈的钱去玩游戏			
12	在背后扯女同学的辫子			
13	因希望朋友陪伴自己而故意发脾气			
14	因同学家境贫寒而嘲笑他			
15	成年男性偷摸学生的隐私部位			
16	成年女性偷摸学生的隐私部位			
17	去卫生间时不小心碰掉了同学的课本			
18	借同学的钱后拒绝还钱			

练习 2：评估攻击行为的紧急程度

想一想，下面的攻击行为属于哪种紧急程度，在对应的框中打“√”。

序号	攻击行为	立即处理	稍后处理
1	上课打闹使老师无法继续上课	√	
2	同学写纸条约着放学后一起打游戏		√
3	被人追打		
4	被人吐口水		
5	被高年级的同学勒索钱财		
6	拒绝回答老师课堂上的提问		
7	被一群同学嘲笑		
8	不想做妈妈安排给自己的家务		
9	看牙医时被触摸隐私部位		
10	被弟弟撕坏了作业本		
11	因为不好好学习而被妈妈批评		
12	被人在背后扯辫子		
13	对妈妈乱发脾气		
14	同学争抢自己的试卷		
15	陌生人要带走自己		
16	放学后被老师留下并随意抚摸身体		

练习 3：判断攻击行为发生的环境

想一想，下面的攻击行为发生时执行者所处的环境，在对应的框中打“√”。

序号	攻击行为	常规环境	应激环境
1	习惯性地在出门上学前踢狗一脚	√	
2	偶尔考了满分，激动得在课堂上大声喊叫		√
3	和同学打闹时被推倒在地		
4	因父母吵架自己没饭吃而偷了同学的午餐		
5	因考试失利乱发脾气而摔了文具		
6	语文课上不遵守课堂纪律，打扰他人听讲		
7	被几个同学施暴时奋力反抗，不小心打断了其中一个施暴者的鼻梁		
8	因为奶奶要求自己照看妹妹而生气，并乱摔东西		
9	刚和最好的朋友吵完架，对着爸爸乱发脾气		
10	班级期中考试成绩很不理想，班主任用了一节课的时间批评同学们		
11	因为自己喜欢的同学也喜欢自己，高兴地飞奔起来，不小心撞伤了邻居家的孩子		

平时他从来不这样！

情景故事

混乱的教室

下午小明来到教室后准备上课，这时班里的“大块头”小红急急忙忙地跑了进来。小红经过小明的课桌时，不小心把小明的文具和书碰到了地上。小明很生气，但是小红赶紧停下来说了“对不起”，并且急忙帮小明捡东西。小明也向后推了一下椅子并蹲下捡文具。但因为推椅子时用力过大，椅子撞到了小华的课桌，课桌上的水杯倒了，杯子里的水全洒了，还溅了小明一身，小华的书也被打湿了。小华大叫着跳了起来，手忙脚乱中又撞到了同桌小雅的头。小雅正在认真地写作业，这突然的一击差点把她撞晕过去，于是她本能地回手打了小华一拳，小华生气地把小雅推开并说道：“我又不是故意的！”班里因此而乱作一团。

评估情景故事中各个人物行为的意图性质及其紧急程度。

1. 小红跑进来碰掉小明的文具。 性质：__；紧急程度：__
2. 小红道歉并捡文具。 性质：__；紧急程度：__
3. 小华跳起来撞到小雅的头。 性质：__；紧急程度：__
4. 小雅打了小华一拳。 性质：__；紧急程度：__
5. 小明推椅子打翻了小华的杯子。性质：__；紧急程度：__
6. 小华推开小雅。 性质：__；紧急程度：__

上述六个行为里面，有友好行为吗？如果有，是哪一个？

实践操作

实践用具

沙盘，沙子，沙具，纸，笔，投影仪，翻页笔，相机，数据线。

情景体验

1. 全体成员分组以情景故事《混乱的教室》为主题进行团体沙盘游戏。

2. 小组内讨论：评估情景中的攻击行为，并分析评估和不评估的区别。

3. 班级分享：总结归纳行为评估该如何应用。

总结升华

1. 应激环境与常规环境中人的行为表现存在不同。

2. 许多人表现出攻击行为时，背后可能有特殊的原因。

3. 有人的攻击行为是以伤害他人为目的的，是恶意的；有人只是无意给他人造成了伤害；有人是出于善意的矫正、帮助而采取了攻击行为。

4. 有时我们可能会对他人的行为产生误解。

5. 凡事三思而后行，可以让生活中减少一些误会。

快乐分享

1. 选取一个角色，并说一下这个角色有什么行为。

如：我是小华，我大叫着站了起来打到了小雅的头。

2. 说一下当时的环境。

如：小明撞倒了我的杯子，杯子里洒出的水把课本打湿了。我吓得跳了起来。这种事情之前没有发生过，是应激环境。

3. 描述一下自己的行为意图。

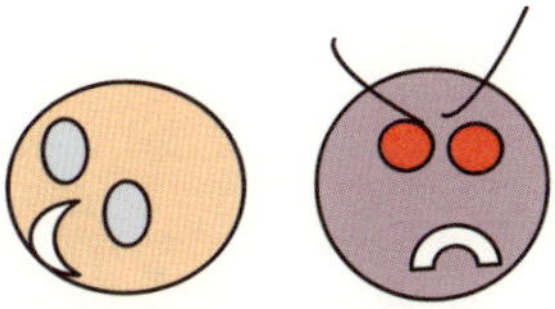

如：我被倒下来的杯子和洒出的水吓到了，本能地跳了起来。因为太慌张才打到了小雅的头，我是无意的。

4. 紧急程度如何?

如：马上就要上课了，书还被打湿了，情况紧急，需要立即处理。

5. 评估行为能否改变事情的结果?

如：可以改变事情的结果。

当我面对小明撞倒我杯子的行为时，如果评估一下小明的行为不是恶意的，我就不会那么激动，因而也不会打到小雅的头，更不会发生后来的和小雅发生冲突并把班级都搞混乱的事情。

第三篇 有效沟通技能提升训练

第十二讲 我有一对好耳朵

你的耳朵爱“云游”吗

课程纲要

学习目标

1. 了解倾听的重要性，了解倾听的六个过程。
2. 了解倾听的技巧，学习做一个会倾听的人。

学习重点

通过案例介绍及团体沙盘游戏体会倾听的重要性，学会倾听，做一个会倾听的人。

注意

倾听是一个过程，不仅仅是听见了就可以。

更重要的是，要能够真正听得懂，并且能够理性地应对听到的内容。

课程内容

一、倾听的含义

倾听是一个需要全身心投入的过程，这一过程需要我们用耳朵听取言语信息，同时通过眼睛等器官接收非言语信息并通过大脑对这些信息进行加工和理解。

1. 狭义分析：倾听是通过听觉器官（耳朵）接收言语信息（话语），并通过思维活动达到认知和理解的过程。即听到了对方说的话并且明白了其要表达的意思。

2. 广义分析：在你说我听、我说你听这个整体的交流的过程中，也包括了文字的交流。

倾听是一门艺术

二、细化倾听的过程

第一步：预判

自己对倾听的内容进行预先判断。这一步会受到对说话人的既有认知的影响。

第二步：收纳

通过感官收集信息。即通过眼睛、耳朵、鼻子、皮肤等各种器官来收集信息。

第三步：筛选

对收集到的信息进行选择，保留接收者个人所能够理解到的信息。

第四步：解读

将筛选后留下的信息与自己的原有认知结构相结合，并整理出自己理解的内容。

第五步：评判

根据解读到的信息对说话人做出评价及认知。

第六步：行动

根据自己的评判，回应对方的言语。

你说你的，我“听”我的

三、普通倾听示例分析

放学回家后，和妈妈说道："我回来了。"

妈妈在沙发上坐着，一副爱答不理的样子说："哦。"

倾听过程分析：

（1）预判：妈妈好像不开心，是不是发生什么事了？

（2）收纳：看到妈妈没精神、不爱说话、不看自己。

（3）筛选：妈妈没看我、不想和我说话。

（4）解读：平时自己犯错误的时候妈妈就是这个样子，妈妈和爸爸吵架之后也是这样。

（5）评价：妈妈比较爱生气，这时的妈妈比较暴躁，我要多加小心了。

（6）行动：乖巧地告诉妈妈："我去写作业了。"然后赶紧躲进自己的房间里。

妈妈实际上因为什么不想说话，你知道吗？

四、倾听的技巧——有效的倾听

1. 重述字句——只重述他人的语言，不表达自己的感受

如“我听到你说”：我听到你“哦”了一声。

2. 重整内容——用自己的话复述对方所讲的内容。

如“我的理解是”：我的理解是你知道了。

3. 反映感受——深入了解，通过自己的语言和肢体行为表达自己的感觉。

如“我的感受是”：妈妈，我感受到你好像很累，挺不耐烦的，不想理我，是我做错什么事情了吗？

当你这么和妈妈表达之后，妈妈可能会向你解释一下原因。

或许是：

（1）“我今天不舒服，不想说话，和你没有关系。”

（2）“今天班主任来电话，说你最近学习成绩严重退步了，你最近是怎么回事？”

（3）“我和爸爸吵架了，和你没有关系，你去写作业吧。”

（4）“我今天和邻居聊天，看到他们家孩子特别优秀，你却天天不求进取。”

无论妈妈的回答是什么，你都可以知道了妈妈不开心、不想理自己的原因。

（1）如果这个原因和自己有关系，那么自己便找到了努力改进的方向。

（2）如果这个原因和自己没有关系，那么自己便可以安心学习，不必过多地担心了。

（3）如果妈妈身体不舒服，可以关心她，让她感到温暖，并增进自己和妈妈的感情。

五、有效倾听示例分析

语文老师说：“明天下午放学后，这次期中考试成绩在80分以下同学的家长来学校开家长会。”

1. “老师，我听到您说‘明天下午放学后，开家长会’？”

问话人对时间有疑问，想找老师确认。

使用的技巧：重述老师说的话。

2. “老师，是80分以下学生的家长来开家长会，80分的不用吧？”

问话人刚好考了80分，确认自己的家长是否需要来开家长会。

使用的技巧：用自己的话重述老师说的内容，并对不清晰的地方提出确认。

3. “啊，怎么会叫家长啊？”

讲话人因成绩偶尔下滑而不得不叫家长来开家长会，因此感到恐惧。但是言语中表达的却是对老师行为的质疑和不愿接受。

4. “讨厌，怎么又叫家长呀？！”

讲话人因成绩不好经常被要求叫家长开家长会，因此直接做出了评价，表达了对于老师叫家长这一行为的反感。

情景故事

梦想重组“四人派”

在学校操场的一角，小明、小军、小刚、小乐正聚在一起低头商议着什么，大大的树冠把他们几人笼罩在树荫下面，远远望去让人不禁心生怀疑：难道最近学校里又有什么大事件发生吗？自从上次发生“厕所门”事件后，这是他们几个第一次聚在一起。小明、小军在学校里已是“臭名昭著”，而小乐也被视为“受害者”，但其实大部分人都知道，在那之前他们的关系还不错，是经常一起调皮的“四人派”。“小乐，我们重新和好吧？”小明带头说，“上次不应该和你开那种玩笑的，我没想到后果这么严重，对不起。”小刚、小军也随声附和：“是呀小乐，咱们以前在一起不是经常打打闹闹的吗？谁知道那次那么不巧地把垃圾扔到了你头上呢，你就原谅我们吧！”小乐低头不语。小军抢着说：“记得有一次你还把小明绊倒了，他的腿瘸了一个星期呢！”小刚接着说：“就是，你有一次还把我借来的书弄烂了，害得我被妈妈臭骂一通呢！”小军继续说：“还有，我去年还因为被你诬陷成早恋被爸爸揍了一顿呢！”小明接着说：“小乐，我也曾经故意撕坏过你的作业害你和我们一起罚站。我们过去都有过不对的地方，还是和好吧！”小乐终于抬起头来说：“我知道自己也不该骂你，也想和你们和好，但是我爸妈不让我和你们玩，怎么办？”他们四人陷入了一片沉默，是呀，过去他们的行为实在太糟糕了，如今要如何才能通过父母那一关呢？

你有什么办法帮助他们吗？如果你是他们其中的一员，你会怎么做呢？

实践操作

实践用具

沙盘，沙子，沙具，纸，笔，投影仪，翻页笔，相机，数据线。

情景体验

1. 依据情景故事《梦想重建“四人派”》分组制作情景沙盘，思考你有什么办法能帮到他们吗？并在小组中讨论：使用倾听技巧和不使用倾听技巧的沟通有什么不同，个人的感受有何差别，对事情的结果有何不同影响？

2. 在团体中分享使用倾听技巧所带来的好处。

注意

1. 用心去感受对方，包含对方的面部表情、肢体语言等，感受对方说话时的情绪，并考虑对方说话时的情景因素。

2. 不要仅仅局限于通过语言和文字来和对方建立沟通。

3. 不要片面地用自己的想法去揣测对方要表达的意思。

4. 在生活中要常说常练，并努力形成良好的倾听习惯。

用心听，似乎能听到花与花的低语，感受到模糊背后的美丽

快乐分享

“我知道自己也不该骂你，也想和你们和好，但是我爸妈不让我和你们玩，怎么办？”

思考一下：

1. 你听到了什么？

______

2. 你有什么感受？

______

3. 你会产生什么情绪？

______

4. 请用自己的语言复述小乐的话。

______

5. 如果你是小明，你会怎么做？

______

第十三讲　我会好好说话

你是个会好好说话的小孩吗?

课程纲要

学习目标

1. 了解说话的含义，知道说话时各要素所占的比例。
2. 了解说话的技巧。
3. 学会运用说话技巧。

学习重点

1. 通过情景体会好好说话与不好好说话的差别。
2. 学会运用说话技巧。
3. 同样的语言内容，为了达到不同的效果可以采取不同的表达技巧。

注意

同样一句话，倘若说话时所使用的技巧不恰当，则非但达不到预期效果，还可能产生相反的结果。

课程内容

一、说话的目的及其要素

说话的目的

通过说话，我们可以实现下列目的：

（1）用语言表达自己的想法或是态度；

（2）指责、议论他人；

（3）交谈、闲聊；

（4）讲道理。

长见识了吧！

说话的要素

1. 言语语言——说话时所表达的内容（文字部分）；
2. 非言语语言——面部表情、肢体动作、语气语调等。

美国心理学家艾伯特·赫拉别恩曾对说话过程中各要素所占比例进行了统计分析，统计结果如下图所示：

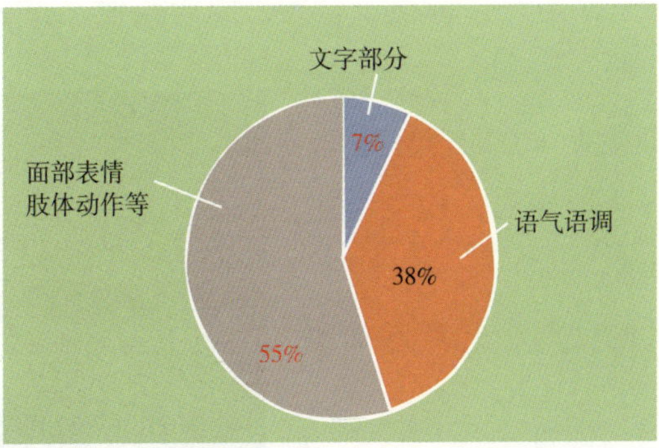

一个人说了什么很重要，但他是如何说的同样很重要

二、“我会好好说”——说话的技巧

1. 考虑对方的情绪。

当对方心情不好的时候，尽量避免说自己的好事。

如：宋阿姨的女儿中考发挥失常，可能上不了重点高中，心情非常郁闷。而此时张阿姨接到儿子考上清华大学的消息，她兴奋地要和宋阿姨分享。她应该说吗？

2. 准确、简明扼要并完整地进行表达。

如：老师通知，星期四下午 4：30，所有考试成绩在 80 分及以下学生的家长（父母至少来一位），在教室开会。

你认为老师的表达是否做到了准确、完整、简明扼要？

话有三说，巧说为妙

3. 强调重点。

老师通知中所强调的重点为：

“80 分及以下学生的家长（父母至少来一位），在教室开会。”

4. 话语的内容应与肢体行为表达一致。

打骂孩子，但是告诉孩子打骂是因为爱他。孩子会愿意接受吗？

5. 不断检查对方的理解程度。

老师下达通知时，检查学生是否能够理解：

哪些人的父母，几点参加家长会？

6. 建立彼此信任的交流关系。

B 对 A 讲话时，A 信任 B 所说的话，B 也相信 A 是信任自己的。

情景故事

“偏心”的老师

语文课上，同学们都在安静地听课，小军和小明开始打闹，老师示意他们安静听课。此时，小红有一个问题没有听明白，便举手询问。老师耐心地给小红作出了解释。下课后，小军拦住老师问问题，老师有点不高兴地说：“上课不认真听讲，下课反而问问题。”但是仍然示意小军把问题说完。但是小军啰嗦了很久仍然没有说清自己的疑问。这时，上课铃响了，老师焦急地摆手离开了。小军很不开心，认为老师偏心——小红问问题时老师能耐心地回答，而自己问问题时老师便非常不耐烦，老师一定是不喜欢自己。

你说，老师是偏心吗？为什么？

1. 小红的行为表现：

在课堂上安静听课，遇到不明白的问题举手询问。

2. 小军的行为表现：

在课堂上随意打闹，不认真听讲，有问题时下课询问。

3. 小军的表达：

啰嗦很久仍然没有说清自己的疑问，直至上课铃响起。

三、说话技巧解析

以情景故事中的小军为例，分析说话的技巧。小军是怎么做的？

1. 等到课下再问课堂中的问题。

没有选择正确的说话时间，课堂中的问题应该在课堂上提问。

2. 在老师准备离开时拦住老师。

老师原本没有留下占用课间的意思，因此小军说话时没有选择合适的时机。

3. 在老师有点不高兴时继续问问题。

占用了老师下一节课的准备时间，没有考虑到老师的实际情况。

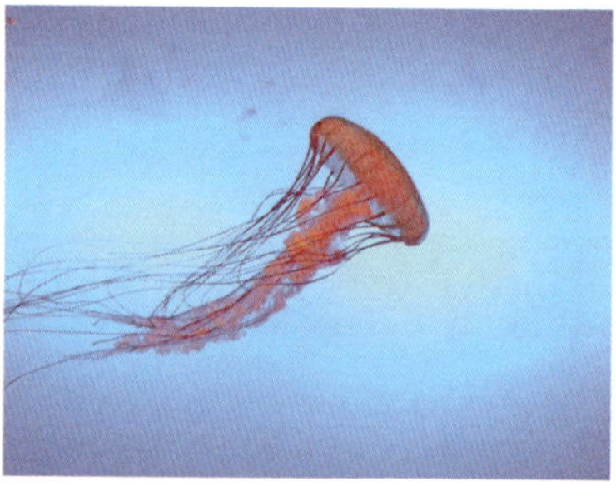

4. 啰嗦很久仍然没有说清自己的疑问。

说话没有抓住重点，不简明扼要。

5. 上课铃响后仍没有停止说话。

说话时没有选择合适的时机。

6. 小军上课时随意打闹，当他下课问问题的时候，老师会信任他真的是为了认真学习而问问题吗？

没有和老师建立起彼此信任的关系。

小军应该怎么做?

老师正在课堂上讲避免攻击的两种方法，同学们都在认真听讲（③）。小军有一处没有听明白，便立即举手（①）并笔直地站好，恭敬地询问道（⑤）：“老师，请问避免攻击的两种方法是度和正吗？”（②④）老师很认真地回答：“不是。度和正是化解攻击中情绪的方法。”小军似乎有些明白了，便继续询问道：“老师，你说的是度和正是化解攻击中情绪的方法，而不是避免攻击的方法，对吗？”（②④⑥）。老师耐心地进一步解释回答道：“避免攻击的方法有两种：第一种是化解攻击中的情绪，其中的方法包括‘度’和‘正’；第二种是评估行为。”小军恍然大悟：“谢谢老师，我明白了。”

小军是怎么做的呢?

①有问题立即举手询问，把握恰当时机。

②重点陈述有疑问的内容。

③上课时认真听讲，建立起与老师之间的信任关系。

④简明、扼要、完整地表达。

⑤身体语言与表达一致。

⑥不断检查对方的理解程度。

你知道应该怎么做了吗?

实践操作

实践用具

沙盘，沙子，沙具，纸，笔，投影仪，翻页笔，相机，数据线。

情景体验

小明的烦恼

小明最近学习进步很大，今天在学校里又得到了老师的表扬，因此他非常开心。一放学便立即兴冲冲地跑回家，想要把这个好消息告诉妈妈。跑进家门后，他正要兴奋地喊“妈妈”，却发现爸爸和妈妈正在吵架。爸爸摔了杯子，妈妈扔了扫帚，并坐在沙发上伤心地哭了起来。小明被眼前的这一幕惊呆了。

如果你是小明，你会怎么做？

1. 全体成员根据场景分组进行主题团体沙盘制作。

2. 小组内讨论：使用说话技巧和不使用说话技巧有什么区别，事情的结果会有什么不同？

3. 集体分享：使用说话技巧的感受、心得及体会。

快乐分享

1. 从自己选择的沙具中选择一个代表自己。

如：我选择小男孩沙具代表自己。

2. 体会那时自己的情绪。

如：那时我感觉很悲伤，也很生气。

3. 自己会对谁说？

如：我想对爸爸说。

4. 会说什么？

如：看到你们又吵架，我很难受。

5. 说完之后，会有什么效果？

如：妈妈可能会停止哭泣，并把我揽到跟前和我说话。

6. 为什么会有这样的效果？

如：我表达了自己的情绪，体会到了妈妈的心情。

7. 如果不使用说话技巧，结果会有什么不同吗？

如：如果不使用说话技巧，我可能会对他们发脾气，从而导致矛盾更加严重。

升华总结

运用到生活中，未来会更美好哟！

1. “一诚，二说，三看”。

“一诚”：说话时要真诚；

“二说”：说重点，说对话；

“三看”：看人，看时机，看“脸色”。

2. 说话时，真诚的态度永远是第一位的。

3. 把模拟情景中学到的技巧运用到生活中。

第十四讲　我会好好回应

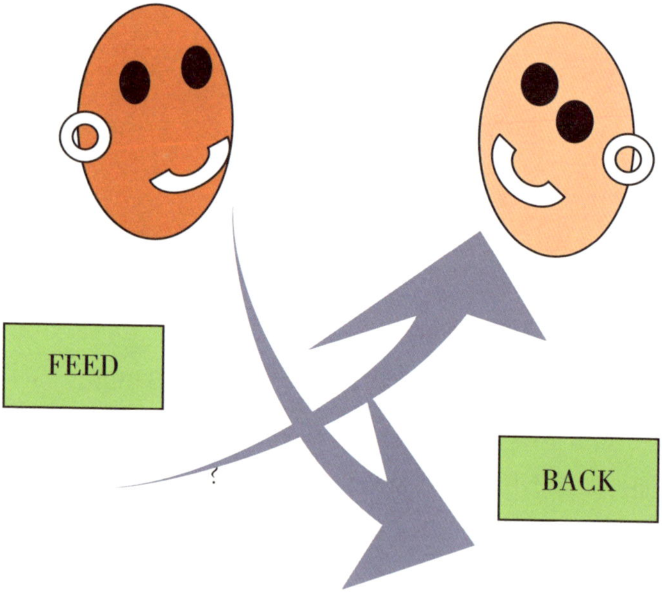

你是个会回应的小孩吗?

课程纲要

学习目标

1. 了解人的自我认知的盲点，自己不一定是最了解自己的人，每个人都不是完美无缺的。

2. 了解信息视窗的四个分区，知道沟通的误区。

3. 了解回应他人的重要性，学会正确地回应他人。

学习重点

1. 了解“信息反馈窗”。

2. 学会正确地回应他人。

注意

1. 你和你自己一起长大。

2. 你以为自己是最了解自己的，而蒙蔽你双眼的正是“你以为”。

你的“心灵”蒙蔽了你的眼睛

课程内容

一、乔哈利信息视窗

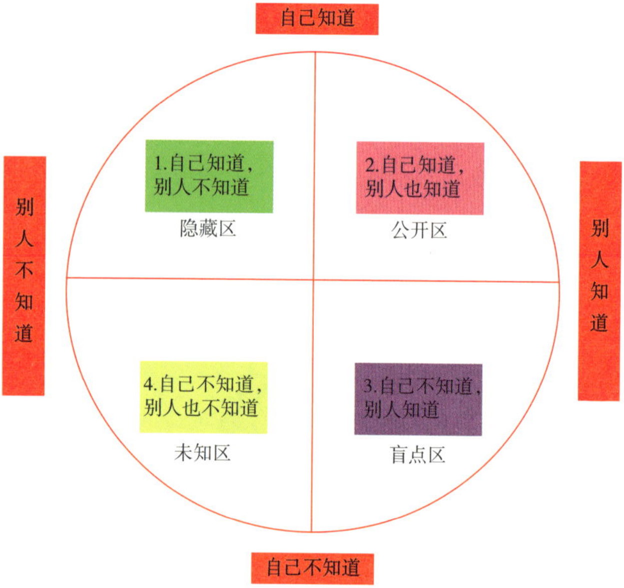

盲点区是沟通、交流中别人已经知道，而我们自己却不知道的信息，是需要我们进行探索的区域，我们可以从中收获成长。

1. 隐藏区，也称秘密区。

（1）只有自己知道，且别人都不知道的秘密。如：个人的好恶、野心、愿望等。

（2）真诚的人也需要秘密，完全没有隐藏区的人是不成熟的。

（3）适度打开自己的隐藏区有利于人际沟通。

情景故事

招弟的名字

招弟 12 岁，今年秋天，她跟随打工的父母来到上海读书。离开熟悉的家乡和朋友们，招弟有些担心，也有些悲伤。她转入的学校是一所打工子弟学校，这里有来自全国各地的同学们。

一开学，老师让大家做自我介绍。招弟说到自己的名字时，同学们哄堂大笑。招弟知道，大家嘲笑她是因为知道她的父母十分想生一个儿子才给她取了这个名字。在招弟的家乡，这种名字十分普遍，所以她并不曾为此而受到过他人的嘲笑。眼前的这一幕让招弟感到有些生气。由于她平时爱读书，积累了许多文学知识，于是便说道："唐朝诗人王维在《九月九日忆山东兄弟》中写道：'遥知兄弟登高处，遍插茱萸少一人。'而李白也在《九日登山》中写道：'因招白衣人，笑酌黄花菊。'父母给我取这个名字是借由两位诗人九月初九登高的诗句来抒发在外打工思念家乡的情感。"招弟的这一番介绍震惊了在座的同学们，而她也非常开心地坐了下来，心想以后同学们再也不会因为名字而嘲笑自己了。

但是回到家中，招弟却有些不开心，因为父母既不像自己说的那般有文学底蕴，而且对自己也确实并不十分重视。这个秘密，她会一直埋藏于心，不向任何人提起。

2. 公开区，也称开放区。

（1）自己知道，别人也知道的信息。如：姓名、爱好、学习、家庭等。

（2）具有相对性。有些信息只有一部分人知道，而对另外一部分人则可能是秘密。

（3）沟通中，共同的公开区越多，沟通越容易，越不会产生误会。

（4）沟通误区：有些信息自己以为是在公开区，但是有时交流的对方可能恰好不知道，因此便容易造成误会。

情景故事

想不明白的静静

静静今年八岁，她有三个哥哥，是家里唯一的女孩。她自小体弱多病，母亲对她比较宽容。哥哥们对她也几乎是百依百顺，在一起玩游戏的时候，他们都让着她，即使静静输了也从不会惩罚她。

有一天，小姨带着静静的表哥来做客，静静很高兴。表哥只比静静大几个月，所以两个人比较投缘。他们一起玩弹玻璃珠的游戏，并约定输掉的一方要被弹一下额头。静静的水平不错，几局下来，只听到她“咯咯”的笑声，大家便都知道是她赢了。

然而忽然间，静静大声哭了起来，并捂着额头向妈妈告状道：“表哥他打我！”原来是表哥好不容易赢了一次，便狠狠地弹了静静的额头来“报仇”。静静哪里受过这种委屈，伤心地哭了起来。

小姨走过来说："别哭了，小姨给你报仇。"言罢便用力打了静静的表哥几下。看到被打得龇牙咧嘴的表哥，静静终于不哭了。

以前哥哥们都会让着静静，所以她以为表哥也会这样的。她想不明白："为什么表哥赢了后真的会弹自己的额头，为什么不让着自己呢?

3. 盲点区。

关于自己的自己不知道、别人却知道的信息。如：自己的某些弱点或是行为习惯。

沟通中，需能够听取不同意见，这样，盲点区才会越来越小。

情景故事

"刀子嘴豆腐心"的花小妹

花小妹今年13岁，是六年级某班的班长。她学习好，人缘也不错。但是她有个缺点：经常因说话过于刻薄而伤害朋友。这不，花小妹今天又伤了一个朋友的心。

事情是这样的，小华和小明上自习时打闹，被花小妹记录了下来。小华的同桌小红是花小妹的好朋友，由于知道他们打闹的原因，便要为小华打抱不平："小华没有和小明打闹，而是在阻止小明吵闹。你不应该记小华，因为他是受害者。小明上自习随便说话，而且打扰小华，是他的错。"花小妹感到自己作为班长，被小红这样指责很没有面子，便反驳道：我看到的就是他俩打闹。即使小华是受害者，他也不应该上课说话。他们打闹我就应该记录下来，你如果继续说话影响自习纪律，我连你也记录下来！"“花小妹，我们还是朋友吗？”小红很生气，她明明是伸张正义，怎么反而被指责为违反纪律了？“我没有不遵守纪律的朋友！”花小妹生气地说完这句话便开始学习了。小红则伤心地默默流下眼泪。

下课后，小红和花小妹共同的朋友小雅劝说小红道：“花小妹是‘刀子嘴豆腐心’，你也是知道的，别和她计较了。我们喊她一起去踢毽子吧！”果然，花小妹高兴地和她们玩了起来，完全忘记了自己说过的话。

4. 未知区。

（1）别人不知道，自己也不知道的信息。如：自己尚未查出的疾病，或某些潜能等，是有待开发的“黑洞”。

（2）沟通中，应对未知的信息持开放性的态度，从而促进人们之间的交流，促进对未知的探索。

情景故事

进了前三名的小明

小明和小军都是五年级的学生，两个人分到了不同的班。小明被分进普通班，小军则进入了重点班。这次分班，对小明的触动很大：小军是自己的好朋友，他进入了重点班而自己却只留在了普通班，这让小明心里特别不舒服。虽然他们每天放学后仍在一起玩耍，但小明的心思却发生了变化。“小军，给我汇报一下你们班的新动向。”小明还是一副“大哥”的样子。“小浩新买了手机，我们抢过来玩玩？”有一天，小明又出“坏点子”，接着他问道："小桃红最近有什么动向吗？""她一下课就待在自己的座位上写作业，不过好像她的成绩越来越好了。"小军赶紧"汇报"道。小桃红学习一直比较差，平时也不是特别聪明，但她却也进了重点班，这是小明没有想到的。他好奇地问："咦，下课就做作业？那么她的成绩提高和认真做作业有关吗？""或许吧，我再观察一下。"小军附和道。

第二天开始，小明也试着一下课就写作业。他突然发现，原来放学回家需要很久才能完成的作业，现在非常快就能写完了。小明就这样坚持了半个学期，到期中考试时，他的成绩居然进入了前三名。他也因此发现了提高成绩的好办法，并相信只要坚持下去，下次分班时自己也可以进入重点班了。

对小桃红行为的未知原因的探索，促进了小明学习成绩的提高

案例分析

1. 公开区：

六年级学生张某，喜欢打架、玩游戏并时常欺负他人，学习不好，除了语文其他学科都不及格，总成绩在班级下游，学校里许多同学都躲着他。这个学期，学校组织开展了"Happy-life199阳光童年"活动，老师安排张某参加。在连续参加了两次活动课程之后，他多次主动提出希望进行单独的心理辅导，并在得到学校许可后顺利接受了心理辅导。在后来的模拟考试中，张某语文成绩为 82 分，全班第 8 名；数学成绩为 83 分，全班第 9 名；英语成绩为 65 分，全班第 12 名。他甚至向与他有矛盾的班长、纪

律委员主动道了歉。张某因此获得了学校颁发的奖励，他的爸爸也表扬他长大了，同学们都说他像是变了一个人。

2. 隐藏区：

经过辅导，张某说出了自己成为“坏孩子”的原因。他认识到了学习的重要性，自己制定了学习目标和计划，并十分努力地学习，最终取得了理想的成绩。他把自己的目标写在纸上，并贴在课桌上，每天都能看到，从而不断激励自己。（制定计划和目标，并做好人生规划是他和咨询师的秘密；把学习目标贴在桌子上，这是公开的部分。）

3. 盲点区：

别人都躲着他，使他感到很孤独。别人躲着他的原因是什么（盲点区，张某自己并不知道）？他原来总是打人，其他同学都怕他（很多同学这么认为）。而张某也不知道该如何在不动用武力的前提下获得尊重且不被人欺负 。

4. 未知区：

张某将来会如何发展，性格如何，他是否还会控制不住自己地去打人或过度沉迷于网络游戏呢？谁也不知道答案。

张某特别喜欢自己现在的样子，你呢，会改变吗？

二、沟通中的常见误会

1. 自己知道的信息误以为别人也知道，而实际上别人并不知道，从而容易造成误会。

2. 自己以为别人不知道的秘密，其实很多人早就知道了。从而出现消息闭塞，导致尴尬状况。

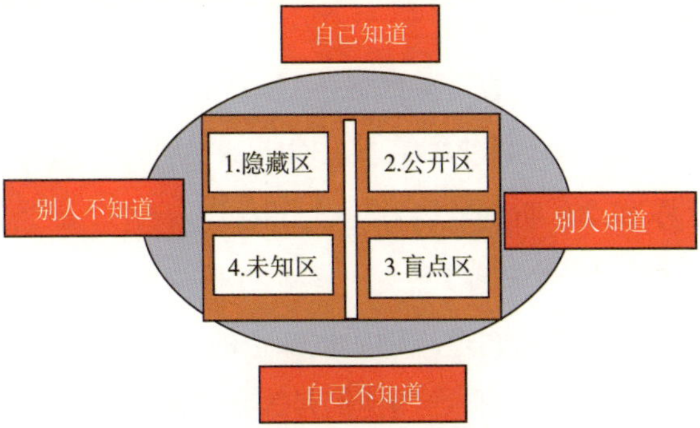

3. 自己不知道的信息，以为别人也都不知道，而实际上是个人的盲点区。这类信息容易成为与他人沟通或做决定时的盲点，是个人社交中的薄弱环节。

4. 自己不知道的信息，以为别人都已知道。这种误会容易导致个人盲目自卑。而事实上，这些信息是大家都不知道的，是有待大家共同探索的未知领域。

案例分析

背景故事：

为了提高学校在全区小学中的成绩排名，定于一个月后进行模拟考试。小明也想学习案例中的张某，提升自己的学习成绩，决定约小军、小乐一起进行冲刺学习。

小明和小军、小乐说：“从今天开始，放学后你们到我家来吧。”小军和小乐很痛快地答应了，但是回家后却遭到了父母的拒绝。小军和小乐不能如约前来，这使小明感到很受挫，自己冲刺学习的动力也大大降低。事情的结果是：此事不了了之。

沟通内容解析：

1. 小明知道的内容（**隐藏区**）：

和小军、小乐一起冲刺学习，向张某学习，努力提升成绩。

2. 小军和小乐听到的内容（**公开区**）：

放学后一起去小明家。

3. 小明以为自己知道且别人也知道的内容：

小军和小乐都知道自己约他们是为了冲刺学习。

4. 小乐以为三人聚在一起是为了像之前一样打游戏（**他不知道小明的真实目的**）；

小军以为三人聚在一起是为了像之前一样调皮、玩耍（**他也不知道小明的真实目的**）。

5. 小乐和小军的父母以为三人聚在一起是为了像之前一样调皮、玩游戏，因此不同意小乐和小军放学后去小明家（**他们同样不知道小明的真实目的**）。

多么遗憾啊！

恰当的沟通方式：

小明："小乐、小军，从今天开始放学后你们到我家来吧。"

小乐："小明，我们去你家做什么？"（**对隐藏区进行询问，三人沟通中的隐藏区在向公开区发展。**）

小明："冲刺学习呀（**以为大家知道，以为在公开区**），你们记得老师说的张某吗，他都能取得好成绩，咱们努力的话一定也可以的。"

小军："我们待到几点钟？需要带什么东西，咱们冲刺复习多久，需要制定计划吗？怎么对父母说？"（**对于未知区进行探索，发现可行性。**）

小乐："是呀，最近妈妈明令禁止我们在一起玩了。我需要怎么和妈妈说才行？"（**说明当前现状，继续探索未知区。**）

小明："不然我们制定一个学习计划和目标吧，回家拿给父母看，让他们监督咱们执行？"（**探索未知区，寻找可行性，从而使未知区减小。**）

小军："好呀。不然，咱们每天放学后学习三个小时吧"（**未知区、盲点区均在缩小，并且开发了解决问题的能力。**）

事情结果：三人的父母看到他们制定的学习计划，感到十分惊讶和感动，因此给他们提供了更好的学习环境。经过近一个月的冲刺复习，三个人在模拟考试中成绩比从前都有了很大幅度的提高。父母和老师都对他们刮目相看，他们自己也为自己倍感骄傲。他们决定从此以"好孩子"的标准严格要求自己。

一扇通往成功和幸福的大门为他敞开了。你想要这样吗？

三、回应的技巧

1. 提出问题：

（1）理解对方的目的，确认对方的目的是否和自己以为的一致；

（2）摆出实际存在的困难，把握时机提出问题。

2. 提出建设性意见：

（1）表明目前存在的困难；

（2）探讨为解决这些困难可以采取哪些方法。

3. 总结收到的信息：

（1）总结大家的信息，提出可行性策略；

（2）结合目标，制定一套可行的方案；

（3）表明即将采取的行动。

情景故事

大猩猩与小狮子的邂逅

在草原附近的森林里住着一只大猩猩，他有两个特别可爱的儿子。但是有一次在带小猩猩玩耍训练时，有一只小猩猩被金钱豹猎捕了。大猩猩因此特别伤心，整日郁郁寡欢，并且对待幸存下来的另一只小猩猩也更加严格，直至把他训练成了一只坚强独立的成年猩猩。如今，大猩猩慢慢变老，但是他依然忘不了曾经惨死的儿子，甚至每天都会梦到那只活泼可爱的小猩猩。

有一天，大猩猩迷迷糊糊地来到了草原上。他看到一只小狮子在独自玩耍，这又使他想起了失去的儿子。他开心地跑到小狮子身边，想和他亲近玩耍。面对突然出现的体型比自己大一倍的“大家伙”，小狮子本能地做好了战斗准备，并且向远处的妈妈大声地呼救。“别靠近我，不要以为我小就欺负我！”“你长得特别像我失去的儿子，我们能一起待一会儿吗？”

实践操作

实践用具

沙盘，沙子，沙具，纸，笔，投影仪，翻页笔，相机，数据线。

情景体验

1. 结合情景故事《大猩猩与小狮子的邂逅》分组制作主题团体沙盘。

思考一下：如果你是小狮子，应该怎么回应大猩猩？如果你是大猩猩，又应该怎么回应小狮子？

2. 小组讨论：使用回应技巧和不使用回应技巧有什么不同？

3. 班内同学集体回顾、总结正确的回应方法。

注意

1. 回应的过程是双方信息互通有无的过程。

2. 回应的过程可以让对方真正知道过去只是你以为对方知道的信息。

3. 接下来会面对许多未知，彼此回应的过程可以使对话双方共同探索并缩小未知区，同时也可以增加认知，重新认识事件或自我，并能逐渐缩小盲点区。

你以为我知道，我以为你知道，我们都以为对方知道，或许我们真的知道，或许我们谁也不知道！

问题解决 阳光成长 15 步

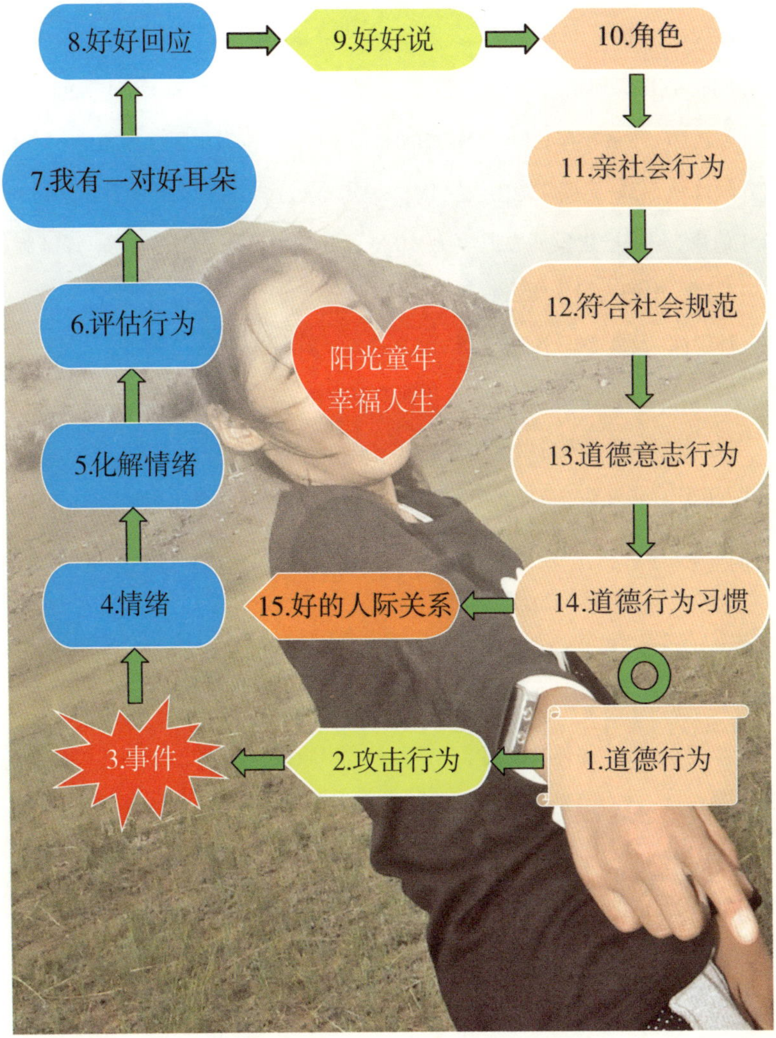

参考文献

[1] 张厚粲，徐建平 . 现代心理与教育统计学 [M].4 版 . 北京：北京师范大学出版社，2015.

[2] Fontana D. 教师心理学 [M]. 王新超，译 . 北京：北京大学出版社，2000.

[3] 阿德勒 . 儿童教育心理学 [M]. 刘丽，译 . 海口：南海出版社，2015.

[4] 阿德勒 . 你一定要知道的人性 [M]. 徐珊，译 . 海口：南海出版社，2015.

[5] 伯克 . 伯克毕生发展心理学：从 0 岁到青少年 [M]. 陈会昌，等，译 .4 版 . 北京：中国人民大学出版社，2014.

[6] 林崇德 . 发展心理学 [M].2 版 . 北京：人民教育出版社，2009.

[7] 纳尔逊，伊斯雷尔 . 特殊儿童及青少年心理学 [M]. 赵凯，潘磊，等，译 .7 版 . 南京：江苏教育出版社，2012.

[8] 方俊明，雷江华 . 特殊儿童心理学 [M]. 北京：北京大学出版社，2015.

[9] Taylor. 健康心理学 [M]. 朱熊兆，唐秋萍，蚁金瑶，译 .7 版 . 北京：中国人民大学出版社，2012.

[10] Yalom I D，Leszcz M. 团体心理治疗——理论与实践 [M]. 李敏，李鸣，译 .5 版 . 北京：中国轻工业出版社，2010.

[11] 李建军 . 儿童团体 [M]. 南京：江苏教育出版社，2011.

[12] 魏广东 . 沙盘游戏疗法：游戏中的心灵疗愈 [M]. 北京：中国石化出版社，2015.

[13] 张日昇 . 箱庭疗法 [M]. 北京：人民教育出版社，2006.

[14] 米纳汉，拉帕波特 . 破解问题学生的行为密码 [M]. 杨颖玥，张尧然，译 . 北京：中国青年出版社，2014.

[15] 柏格，史丹纳 . 儿童与青少年焦点解决短期心理咨询 [M]. 黄汉耀，译 . 成都：四川大学出版社，2005.

[16] 董奇 . 心理与教育研究方法 [M]. 修订版 . 北京：北京师范大学出版社，2004.

[17] Meares P A. 儿童青少年社会工作 [M]. 范志海，李建英，译 . 上海：华东理工大学出版社，2013.

[18] 冯观富，王大延，陈东升，等 . 儿童偏差行为的辅导与治疗 [M]. 北京：化学工业出版社，2010.

[19] 皮连生 . 教育心理学 [M].4 版 . 上海：上海教育出版社，2011.

[20] 崔景贵，谢莉花 . 德国学校心理学服务工作的职责、特点与经验 [J]. 现代教学，2015（24）：93–97.

[21] “流动青少年权益保护与犯罪预防研究”课题组，陈卫东 . 我国八城市流动青少年违法犯罪状况调查 [J]. 青少年犯罪问题，2009（01）：26–32.

[22] 中小学教师心理健康教育教程编写组 . 心理健康教育教程 [M]. 北京：人民教育出版社，2004.

人生之路从来不会一帆风顺，

在成长的过程中每个人都会经历各种挫折，

没有人可以随随便便成功，

也没有开启成功的万能钥匙。

希望通过这本教程，

让每个孩子有能力渡过挫折，

开创属于自己的美好明天！

作者简介

董静

◆ 中德儿童青少年冲突和危机家庭治疗培训工作坊首期学员

◆ 基于学校的儿童青少年心理健康促进高级讲习班学员

◆ “Happy-life199 阳光童年”青少年心理关爱课程工具包研发人

◆ 国家二级心理咨询师，国家二级婚姻家庭咨询师

◆ “认知行为沙游”创始人，少儿沙盘游戏指导师培训师

◆ 中国科学院心理研究所青少年心理健康教育指导师

◆ 济南市教育局、科学技术协会特聘儿童青少年创新教育专家

◆ 济南市幸福人生心理健康服务中心发起人、理事长

◆ 中国科学院心理研究所青少年心理健康教育与心理咨询治疗专业研修生

◆ 多年致力于儿童青少年心理健康教育与咨询的一线工作